초등 3학년은
습관 형성의
결정적*
시기입니다

초등 3학년은 습관 형성의 결정적 시기입니다

2024년 4월 5일 초판 1쇄 인쇄
2024년 4월 15일 초판 1쇄 발행

지은이 | 윤수정
펴낸이 | 이병일
펴낸곳 | **더메이커**
전 화 | 031-973-8302
팩 스 | 0504-178-8302
이메일 | tmakerpub@hanmail.net
등 록 | 제 2015-000148호(2015년 7월 15일)

ISBN | 979-11-87809-51-7 03590
ⓒ 윤수정

초등 3학년은
습관 형성의
결정적 시기입니다

윤수정 지음

더메이커

좋은 습관이
공부의 시작이다

나는 25년 차 초등교사이다. 2000년에 처음 교단에 선 후 나도 모르는 새 세월이 흘러 어느덧 교직 생활의 후반부에 접어들고 있다. 2020년 코로나19 팬데믹은 그동안 쉼 없이 달려온 나에게 교사로서의 삶을 뒤돌아보게 하였다.

3월, 그 바쁘고 정신없는 시기에 아이들이 학교에 오지 않는다니, 처음에는 적응이 되지 않았다. 관심을 둘 대상이 눈앞에 없으니 자연히 나에게로 시선이 갔다. 그리고 생각해 볼 겨를조차 없었던 나의 교사로서의 삶을 뒤돌아보고 '남은 교직 생활을 어떻게 보내야 가치가 있을까?'라는 고민을 하게 되었다.

아차 싶었다. 바로 그거다, 습관!

교실에 우두커니 앉아 생각에 잠겼다. 그동안 만났던 아이들이 주마등처럼 스쳐 지나갔다. 공부도 잘하고 자기 일을 척척 해냈던 아이들도 몇몇 떠올랐지만, 이내 부족하고 학교생활을 힘들어했던, 그래서 내 손이 더 많이 갔던 아이들이 내 머릿속을 가득 채웠다.

'지금쯤 어른이 됐을 텐데, 뭐 하고 살고 있을까? 잘살고 있겠지? 이젠 좀 나아졌을까? 녀석들, 참 나를 힘들게 했는데!'

아이들 한 명, 한 명 떠올려 보니, '그때 좀 더 잘 가르치고 이끌었어야 했는데.' 하는 후회도 밀려왔다. 이렇게 녀석들을 생각하고 있자니, 나를 힘들게 했던 아이들에게는 어떤 공통점이 있다는 것이 떠올랐다. 그동안 여러 번 교육과정이 바뀌고 교육정책이 바뀌었다. 또 해마다 아이들도 바뀌었다. 하지만 나를 애먹인 녀석들은 지각을 자주 하고, 준비물을 잘 챙겨오지 않으며, 스스로 공부하는 것을 어려워하는 것에서 한결같았다는 생각에 이르렀다.

아차 싶었다. 바로 그거다, 습관! 20년 이상 교육 현장에서 아이들과 부대끼며 살아온 내가 앞으로 좀 더 치중하고 관심을 두고 아이들에게 해줄 수 있는 것은, 좋은 습관 지도라는 것을 그렇게 다시 한번 다짐하게 되었다.

부족하다는 표현조차 조심스럽다. 초등학교 아이들은 시시때때로 변한다. 모두가 출발점에 서 있는 아이들이다. 익숙하고 익숙하지 않은 차이만 있을 뿐이다. 긴 시간을 두고 볼 때, 공부의 시작도 하지 않은 아이들에게 우열, 좌절, 실패 등의 표현은 알맞지 않다. 초등학교 아이들에게 무조건 공부를 시키기보다는 좋은 습관을 기르는 것에 주안점을 두고 연계할 수 있다면 장기적으로 자기주도적 학습으로 나아갈 수 있는 첫 단추가 될 수 있다.

초등 3학년은 습관 형성의 결정적 시기이다

나는 매년 새롭게 만나는 아이들에게 내 나름의 방법으로 꾸준히 습관 지도를 실천하고 있다. 단순하게 표현하자면 초등교육에서는 결국 습관만 남는다. 좋은 습관이 모든 공부의 시작이다.

나는 아이들에게 무조건 공부하기, 책 읽기를 강요하지 않는다. 자연스럽게 습관으로 체득되도록 늘 머리를 굴린다. 일단 아이가 받아들일 수 있어야 하고, 또 흥미를 느껴야 지속할 수 있다. 아이에게 적합한 쉽고 간단한 행동 수칙을 세우고 꾸준히 반복하는 것이다.

그래서 아이에게 더 많이, 더 빨리 가르치지 않는다. 늘 습관이라는 키워드를 머릿속에 떠올리며 천천히, 차근차근, 하나씩, 작은 것부터 세세하게 접근한다.

특히 이 책에서 나는 초등 3학년이 습관 형성의 결정적 시기임을 강조하였다. 습관 만들기에도 적기가 있다는 말이다. 이것은 오랜 교사 생활 그리고 3학년 담임을 여러 번 해보고 내린 결론이다. 학부모나 교사들은 이 시기에 주목하고 아이들의 습관 형성에 힘을 쏟아야 한다.

이 책은 25년 차 교사로, 또 세 아이를 키우는 엄마로 깨달은 습관 지도의 중요성과 좋은 습관을 기르기 위한 구체적인 방법을 담고 있다. 그동안 내가 해왔던, 때로는 동료 교사들과 함께 나누었던 습관 지도에 관한 생각과 방법을 글로 쓰고 알린다면 학교생활에 좌절하고 방법을 몰라 헤매는 아이들에게 조금이라도 도움이 되지 않을까 싶다.

이 책을 통해서 자녀 교육에 늘 노심초사하는 학부모님과 이제 막 교단에 서서 학생들에게 온 힘을 다하는 초임 선생님들이 조금이라도 시행착오를 줄이고 아이들과 함께 웃으며 희망을 노래하기를 간절한 바란다.

2025년 봄 윤수정 씀

차례

1장

초3에 습관보다
중요한 것은 없습니다

2장

습관 만들기 1단계:
생활습관을 먼저 잡아라

3장

습관 만들기 2단계 :
으뜸으로 챙겨야 할 독서습관

4장

습관 만들기 3단계 :
공부습관으로 마무리

초등 3학년은 습관 형성의 결정적 시기입니다

초3에 습관보다
중요한 것은 없습니다

초등 3학년이 습관 형성의 최적기인 이유 6가지

초등 3학년은 긍정적인 생활습관, 독서습관, 공부습관을 심어주기에 가장 이상적인 시기이다.

1. 초등 3학년의 발달 단계

3학년이 되면 아이들은 일과를 더 효과적으로 이해하고 따를 수 있는 발달 단계에 도달한다. 건강한 생활을 이해하고, 더 넓은 범위의 읽기 자료를 이해하며, 학습 루틴을 더 효과적으로 따를 수 있어 좋은 습관 만들기에 적절한 시기이다.

2. 새로운 경험에 열려 있는 시기

3학년은 새로운 아이디어와 경험에 열려 있는 형성기로, 긍정적인 습관을 심어줄 수 있는 적절한 시기이다. 이 시기에 형성된 습관은 평생 지속적인 영향을 미친다.

3. 학습 환경의 전환기

3학년은 보다 체계적인 학습 환경으로 전환하는 시기이다. 1, 2학년의 통합교과 영역이 도덕, 사회, 과학, 음악, 미술, 체육으로 구분되고, 영어 교과가 새롭게 등장한다. 또한 저학년의 놀이 활동 중심 수업에서 벗어나 토의, 토론 학습의 기초를 형성하는 때이기도 하다. 이 시기에 좋은 공부습관을 확립하는 것은 학업 성공에 큰 영향을 미친다.

4. 독립심 향상의 시기
3학년은 독립심이 강해지는 시기이다. 아이들이 어느 정도 자율성과 책임감을 갖고 습관을 실천할 수 있게 도움을 주어야 한다. 스스로 또 독립적으로 실행하며 성공감을 쌓는 경험과 기회가 필요하다.

5. 사회적·정서적 성장기
3학년은 사회적·정서적으로 크게 성장하는 시기이다. 또래 집단을 형성하며 자아를 형성하는 연령대로 좋은 습관을 통해 원만한 성격 형성과 사회생활을 위한 기초를 닦아야 한다. 이때 만든 건강한 관계와 정서적 안정은 건강한 사회생활의 토대가 된다.

6. 평생 학습의 기초를 만드는 시기
3학년은 자신을 비롯한 주변 세계에 대한 다양한 호기심이 커지는 시기이다. 인성, 사회성, 독서, 공부 등의 다양한 면에서 좋은 습관을 형성하면 자기주도적 학습의 첫 단추가 되며, 평생 학습의 토대를 마련할 수 있다.

1

왜 성적보다
습관이 중요할까요?

"선생님, 이제 3학년 정도 됐으니까 스스로 공부도 하고 학교생활도 했으면 좋겠는데 쉽지가 않아요."

얼마 전 전화로 상담을 했던 우리 반 개구쟁이 규진이 어머니의 하소연이다. 규진이는 학기 초부터 눈에 띄었던 아이로, 제법 영리하고 행동도 민첩해서 학교생활을 곧잘 할 것 같은 아이였다. 그런데 종종 준비물을 잊고 오거나 과제를 해오지 않았다. 수업 시간에도 알고는 있는 것 같은데 집중하지 않거나 때로는 피곤한 듯 축 늘어져 있곤 했다. 자초지종을 묻는 짧은 대화 중에 아이의 입에서는 항상 같은 말이 튀어나왔다.

"학원 갔다가 늦게 와서 알림장 확인을 못 했어요."

"학원 숙제가 너무 많아서 시간이 없었어요."

아이도 열심히 하려 하고, 부모도 아이 학습에 관심이 많아 보여서 기대했던 친구인데 안타깝다.

국어 시간이었다. 3학년이지만 맞춤법이 들쑥날쑥한 아이들이 제법 많아서 진도를 나가기 전에 받아쓰기를 먼저 하곤 한다. 아이들은 다 공책을 준비하고 내 입만 바라보고 있는데, 규진이는 계속 "선생님, 잠깐만요!"를 외쳐댄다. 그러더니 아이 책상 속에서 풀이 툭 떨어졌다. 조금 있으니 가위가 떨어졌다. 공책은 도무지 찾아질 기미가 보이질 않는다. 다른 아이들의 시선이 일제히 규진이에게 향했고, 아이는 난감한 듯 얼굴이 빨개졌다. 나는 더는 안 되겠다 싶어 종이 한 장을 건넸다.

"규진아, 오늘은 선생님이 주는 종이에 하자."

신기하게도 이런 상황은 해마다 되풀이된다. 해가 바뀌고 아이들만 바뀔 뿐 비슷하게 반복된다. 이런 아이들의 책상 속과 사물함 속은 이제 안 봐도 보인다. 분명 책과 공책, 학용품이 뒤엉켜 있을 것이다. 아이의 학교생활도 뒤죽박죽일 것만 같다.

성적과 습관은 밀접한 관련이 있다

나는 24년째 초등학교 학생들을 가르치고 있다. 초임 교사 시절에는 많이 가르치려고 노력했다. 아니 정확하게 말하면 그것 외에는 눈에 들어오는 것이 없었다. 사소한 생활습관이나 공부를 위한 준비 자세 같은 것들은 이미 알고 있을 것으로 생각했다. 또 수업 시간에는 진도 나가기도 바빠 그런 것까지 다룰 여유도 없었다. 그래서 간단히 말로 때우거나 알아서 하겠지 싶어 대충 흘려보냈다.

그러나 20년 넘도록 교단에서 생활하다 보니 나름의 깨달음을 얻게 되었다. '아이들은 정말 모른다.'는 것이고, '교과 성적과 습관은 매우 밀접한 관련이 있다.'라는 것이다.

이렇게 자기주도 학습의 바탕이 되는 습관 형성의 중요성을 깨닫게 된 이후부터는 교과 지도와 연계하여 아주 작은 것부터 습관 지도를 하고 있다. 아이들은 정말 모른다. 작은 것부터 가르쳐야 한다. 자기주도 학습은 아이들이 알아서 하라고 내버려 두는 교육이 아니다. 오히려 한 걸음 한 걸음 동행하며 혼자서 할 수 있도록 방법을 알려주고, 반복하여 습관이 될 수 있도록 도와주어야 한다. 꾸준한 지도를 통해 올바른 습관으로 잘 정착되었을 때 비로소 성공할 수 있다.

초등시절에 익혀야 할 가장 중요한 것, 좋은 습관

초등시절에 익혀야 할 중요한 것 중 하나를 꼽으라면, 단연코 좋은 습관이다. "세 살 버릇 여든까지 간다"는 속담이 그냥 있는 말이 아니다. 진부한 속담처럼 들리지만, 그 속에 변함없는 불변의 진리가 있다.

가장 먼저 생활습관이 잡혀야 한다. 생활습관과 함께 독서습관을 병행한다면 문해력과 학습력을 키울 수 있다. 이후 독서습관은 자연스럽게 공부습관으로 연계되어 스스로 공부할 수 있는 자기주도 학습력을 갖출 수 있게 된다.

넘쳐나는 사교육으로 학생도 학부모도 지쳐가고 있다. 아이들은 학교가 끝나기도 전에 다시 가방을 둘러매고 이 학원, 저 학원 다니기 바쁘다. 학부모는 행여 내 아이가 뒤떨어질까 봐 전전긍긍하며 학원 정보를 알아본다. 이렇게 아이와 부모가 시간과 돈을 투자하고 있지만 정작 중요한 것은 놓치고 있다.

코로나19로 등교하지 못하는 동안 아이들의 생활은 무너졌다. 기본생활습관뿐만이 아닌, 식습관까지 무너져 버렸다. 코로나19는 우리 사회에 다시금 '학교란 무엇인가?'라는 본질적 질문을 하게 만들었다. 학교는 단지 공부하는 곳만이 아닌 올바른 습관 형성에도 기여하고 있음을 우리는 역으로 알 수 있었다.

초등은 기본생활습관을 형성하고, 기본에 충실한 삶의 자세를 배우는 단계이다. 드넓은 바다로 나가서 많은 물고기를 잡을 수 있도록 촘촘하고 질긴 그물을 만드는 시기이다. 그런데 나에게 맞는 나만의 그물을 짜는 것은 뒤로한 채, 성근 그물을 들고 물고기부터 잡겠노라고 이리 뛰고 저리 뛰는 형국이다. 물고기는 나중에 잡아도 된다. 초등학교 시절 지나친 선행학습과 사교육으로 적기에 배울 것들을 놓치고 있는 것은 아닌지, 정말 중요한 것이 무엇인지 생각이 필요한 시점이다.

* * *

자, 지금 바로 내 아이의 생활을 점검해 보자. 그리고 대수롭지 않게 여겼던 사소한 아이의 문제 행동을 습관과 관련지어 생각해 보자. 문제 행동들이 반복되고 있지는 않은가? 혹시 여러 문항에 빨간불이 들어온다면, 가볍게 넘겨서는 안 된다. 하나씩, 하나씩 잘못된 습관을 바로 잡아보자.

아이와 함께 다음 표를 보고 현재 상황을 점검해 보자.

▷ **빠르게 확인해 보는 우리 아이 생활 점검표**

항목 (V)	잘함	보통	미흡
1. 등교 시간을 지켜 학교에 가고 있나요?			
2. 내 방 정리 정돈을 스스로 하고 있나요?			
3. 주변 어른이나 친구에게 바르게 인사하나요?			
4. 알림장을 스스로 확인하며 준비물을 잘 챙기나요?			
5. 책을 꾸준히 읽고 있나요?			
6. 학교 숙제를 성실히 하나요?			
7. 글쓰기를 꾸준히 하고 있나요?			
8. 공책 정리를 바른 글씨로 하고 있나요?			
9. 하루 30분 이상 매일 공부를 실천하고 있나요?			
10. 지나치게 많은 학원에 다니고 있지는 않나요?			

2

초등 3학년이 습관 만들기의
최적기인 이유

24년의 교직 경력 동안 다양한 학년을 넘나들었다. 한번은 1학년일 때 지도했던 아이들을 3학년에 또 지도하게 되었다. 아이들을 다시 만나니 잃었던 자식을 찾은 것처럼 아이들 한 명, 한 명이 정말 예쁘고 소중하지 않을 수 없었다. 그런 아이들과 함께 생활하면서 나는 1학년 때와는 다른 느낌을 받았다. 아이들 지도가 훨씬 수월해진 것이다. 분명 아이도 같고 교사도 같은데 말이다. 1학년 때는 학교생활에 적응하기 바빠 지도가 쉽지 않았다면, 3학년이 되니 제법 영글어져 어려운 것도 곧잘 이해하고 잘 따라 할 수 있게 되었기 때문이다. 시간이 해결해 준 것이다.

초등 3학년이 습관 형성의 최적기

3학년 담임을 여러 번 해보고 내린 결론은, 초등 3학년이 습관 형성의 최적기이자, 또 마지막 시기라는 것이다. 물론 1~2학년 때에도 기본생활습관 지도를 한다. 또 어려서부터 좋은 습관이 몸에 배어 있다면 입학과 동시에 순조롭게 이어갈 수도 있다. 그러나 1, 2학년 대부분은 새로운 곳에 적응하고, 새로운 친구를 찾으며 '습관'보다는 '적응'에 더 주안점을 두고 생활한다.

그러다 초등 3학년이 되면 비로소 학교생활에 안정을 찾아간다. 아이들은 학교가 어떤 곳인지 알게 되고, 친구들도 익숙해져서 주변 탐색에 많은 에너지를 쏟지 않아도 된다. 또, 1~2학년을 보내며 내가 어떤 학생이라는 것, 즉 자기 인식을 조금씩 하기 시작한다. 나를 들여다보는 힘이 생기는 시점이다. 바꾸어 말하면, 자아 중심의 유아적 사고에서 조금씩 벗어나 주변 사람들을 바라볼 수 있으며, 더 나아가 혼자 할 수 있는 것이 많아지는 시기이다.

그래서 초등 3학년은 1~2학년 때 배운 것 중 반드시 알아야 할 기본적인 것들을 점검하고, 이를 토대로 고학년을 준비해야 하는 시기이다.

3학년에게 꼭 필요한 좋은 습관은 다음처럼 3가지로 나누어 볼 수 있다.

첫째, 생활습관 바로 잡기이다. 일찍 자고 일찍 일어나기부터 시작해서 자신의 생활을 다질 수 있는 습관을 키운다.

둘째, 독서습관 키우기이다. 3분 큰소리 책 읽기를 시작으로, 다양한 독서법과 기록장 쓰기를 통해 독서습관을 키운다.

셋째, 공부습관 키우기이다. 생활습관과 독서습관은 자연스럽게 공부습관으로 연계된다.

초등1~2학년에 배웠다고는 하지만 아직 미숙한 부분들을 점검하고, 고학년에 올라가기 전에 다시 한번 그 부분을 정확하게 짚고 넘어가야 한다.

이러한 과정에서 자신감이 없었던 아이들은 자기에게 무엇이 부족한지 알 수 있고, 이를 보충함으로써 학교생활에 활력을 얻을 수 있다. 또한 사교육에 혈안이 되었던 학부모들은 다시 한번 습관의 중요성을 되짚어 보는 중요한 계기가 된다.

* * *

자. 그렇다면 1~2학년 때 익혔던 배움을 떠올려 보고 혹시 미숙한 부분이 없는지 살펴보자. 3학년이 끝나기 전에 부족한 것을 찾아 보충해 주자.

▷ 국어·수학·사회·과학 1,2년 과정 체크 리스트

과목	항목	잘함	보통	미흡
국어	1. 연필을 바르게 잡고 있나요?			
	2. 한글의 자음과 모음을 구별할 수 있나요? 3학년 국어사전 찾기 단원과 연관이 된다. 자음과 모음을 구분 못 하거나 순서를 모르는 아이들 이 있다.			
	3. 맞춤법은 어느 정도 알고 있나요? 3학년은 아직 맞춤법에서 벗어날 수 없다.			
	4. 띄어쓰기는 잘할 수 있나요? 글자가 다 붙어 있는 친구들이 있다. 잘 안 고쳐진다.			
	5. 적당한 목소리로 자신의 의견을 발표할 수 있나요? 아이들 목소리는 실제로 개미 목소리만하다. 맹연습 이 필요하다.			
수학	1. 구구단을 정확하게 알고 있나요? 3학년에는 세 자릿수 덧셈이 나오고, 뺄셈 및 곱셈의 난도가 높아진다.			
	2. 덧셈, 뺄셈을 막힘없이 할 수 있나요?			
	3. 숫자를 바르게 쓸 수 있나요?			
사회	1. 꾸준한 책 읽기를 통해 다양한 어휘를 알고 있나요?			
	2. 친구들을 잘 배려하나요? 많이 다투지는 않나요? 사회과 모둠학습, 협력학습 시 자주 다투는 친구들이 있다. 싸우는 것도 습관이다.			
과학	1. 동물과 식물을 구분할 수 있나요?			
	2. 물질을 고체, 액체, 기체로 나눌 수 있나요?			
	3. 주변의 사물에 대해 궁금증을 갖고 관찰해 보았나요?			

3

엉성한 그물로
물고기 잡기에 나선 아이들

선생님, 오늘은 정말 학원 가기 싫어요

초등학교 3학년이면, 대개 10살 안팎의 아이들이다. 그런데 10살 아이들의 삶의 무게가 만만치 않다. 아이들은 바쁘고 고되다. 바삐 사는 아이들의 생활을 보면 어지간한 대학생의 스펙 쌓기가 무색할 정도이다.

아이들은 왜 이렇게 바쁜가? 대다수 아이는 학교가 끝나면 부리나케 학원이나 방과후교실로 향한다. 다소 과장된 표현이기는 하지만, 항간에는 "공부는 학원에서, 놀이는 학교에서"라는 말도 있다. 무엇인가 문제가 있어 보인다. 물론 학교 교육 외에 다양한 예체능 교육을 받거나 부족한 공부를 하는 것이 잘못은 아니다. 다만 학원 교육이 아이의 학교생활에 지장을 줄 정도로 과하다면 문제다.

나는 매 학기 초 아이들을 파악하기 위해 〈나를 선생님께 소개해요〉라는 활동을 한다. 일종의 자기소개인데 가족은 몇 명이고, 내가 좋아하는 과목은 무엇이고, 또 현재 어떤 고민이 있는지 등 자기에 대한 것들을 기록하는 활동이다. 하교 후 아이들이 제출한 자료를 하나씩 읽다 보면, "학원을 많이 다녀서 힘들어요.", "학원 숙제가 너무 많아요." 등을 토로하는 아이들이 상당수다. 심지어 "학부모 상담 때 부모에게 말해달라"는 아이도 있다.

우현이는 쉬는 시간이면 스스럼없이 나에게 다가와, "선생님, 저는 학원을 여섯 개나 다녀요. 너무 힘들어요."라며 물어보지도 않았는데 자신의 힘듦을 이야기한다. 뭐라고 답해주어야 할지 정말 난감하다. "그래? 학원 다니느라 정말 힘들겠구나. 고생이 많네. 그래도 조금만 힘내봐!"라며 전혀 도움이 될 것 같지 않은 말뿐인 말을 건넨다.

그 후로도 우현이는 "선생님, 오늘은 정말 학원 가기 싫어요."라며 여러 번 하소연하였다. 학원 다니기 바빠서인지 친구도 많지 않았다. 다소 예민하고 종종 뭔가 불안한 표정을 짓기도 한다.

하루는 "우현아, 오늘 어디 아프니?"라고 물었다. "영어 숙제를 안해서 걱정돼요."라며 3학년 아이답지 않은 고뇌가 느껴지는 말투로 고개를 푹 숙인다. 스트레스가 많아서인지 작은 일도 참지 못하고 친구랑 다투는 일이 왕왕 발생한다.

　그러다 학부모 상담이 있어서 우현이 어머니에게 교실에서 있었던 몇 가지 일과 아이가 했던 말을 전했다. 어머니도 아이가 다니는 학원이 많다는 것을 인정하지만, 다른 아이도 다 그렇게 한다며 대수롭지 않게 여겼다. 오히려 "여기서 멈춘다면 도태된다."며 "아이를 좀 더 강하게 키워야 할 것 같다."고 말해 좀 놀랐다. 나는 더는 뭐라 말하지 못하고 입을 꾹 다물었다.

촘촘한 그물 짜는 법을 가르쳐야

　최근 통계청 조사 자료에 따르면 우리나라 초·중·고생의 1인당 월평균 사교육비는 41만원이라고 한다.('2022년 초·중·고 사교육비 조사' 결과)

　왜 이렇게 사교육으로 많은 돈과 시간을 소비할까? 사교육 문제가 대두될 때마다 공립학교 교사인 나는 마음이 편치가 않다. 분명 학교 교육의 문제점도 있다. 다인수 학급에 교사는 한 명이라는 한계를 극복하기는 쉽지 않다. 한 학생에게 좀 더 세심하게 다가가고, 그 아이에게 맞는 맞춤형 교육을 제공해야 하지만 현실은 녹록지 않다.

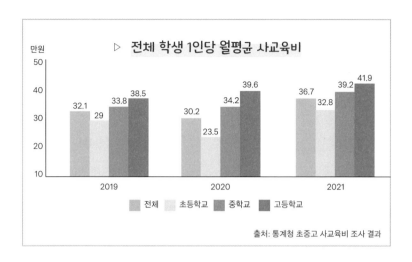

전체 학생 1인당 월평균 사교육비

출처: 통계청 초중고 사교육비 조사 결과

그러나 최근 학교 교육의 방향도 많이 바뀌었다. 학생 개개인의 삶과 교육에 초점을 맞추고 있다. 또 교사 교육과정이 등장하고 탄력적인 학교 교육과정 운영으로 과거에 비해 많은 부분이 개선되고 있음을 정책적으로도 확인할 수 있다.

* * *

아이들이 아이들답게 행복한 생활을 하기 위해서는 학부모, 학교, 교사 모두의 노력이 필요하다. 우선 공교육이 바로 서야 한다. 과거 주입식 교육에서 벗어나 학생 스스로 공부하는 법을 익히고 실천할 수 있는 역량을 키워야 한다. 공부다운 공부를 학생들에게 알려주어야 한다. 학생들의 다양성과 개성, 창의성을 존중하는 학습 풍토를 마련해야 한다.

그러나 이러한 변화는 학교만의 노력으로 이룰 수 없다. 학부모 역시 경쟁과 비교의 길보다는 서로 상호협력하고 함께 행복한 길을 선택해야 한다. 눈앞의 성적 향상이라는 결과만을 쫓아서는 안 된다. 언제까지 부모가 아이들을 챙겨줄 수 있단 말인가? 아이 스스로 자신의 생활을 조절하고 학습할 수 있는 방법을 가르쳐 주어야 한다. 훗날 부모에게서 당당히 독립할 수 있도록 내면의 힘을 길러주어야 한다. 이것이 바로 자기주도 학습력이고, 그 힘은 바른 습관에서 만들어진다. 백날 물고기 잡기만 하면 뭐 하나! 물고기 잡는 법을 가르쳐야지. 많은 물고기를 잡을 수 있는 촘촘한 그물 짜는 법을 가르쳐야지.

아이들은 자신만의 촘촘한 그물 만들기는 뒤로 한 채, 성근 그물로 물고기를 잡느라 지쳐가고 있다.

4

습관 형성을 위한
필요조건 3가지

가장 높이 나는 새가 가장 멀리 본다

리처드 바크의 소설 《갈매기의 꿈》에는 평범하지 않은 갈매기 '조나단 리빙스턴'이 나온다. 다른 갈매기들은 생존을 위해 단순한 비상만 한다. 그 이상의 것을 배우려 하지 않는다. 그들은 '나는 것이 아니라 먹는 것'을 위해 산다. 그러나 '조나단'은 다른 것에 관심이 있다. 바로 '나는 것'이다.

먹는 것에는 관심이 없고 오직 활공에만 빠져있는 조나단에게 부모는 "활공이 먹고사는 것을 해결해 주지 못하니 먼저 먹이를 찾는 방법을 배우라"고 조언한다. 그러나 그 누구도 조나단을 막을 수 없었다. 결국 갈매기 사회에서 추방당한 조나단은 혼자서 피나는 수련을 거듭한 끝에 온갖 어려운 비행술에 통달한다.

'더 높은 곳'에서 조나단은 이전에 배웠던 것과는 다른 새로운 비행술을 배우고 '속도의 진정한 본질'을 터득한다. 결국 조나단은 '완전한 속도'를 정복하게 되었을 때, 자기 뼈와 깃털이 가진 한정된 육체를 뛰어넘어 어떤 것에도 제약받지 않는 자유를 맛볼 수 있음을 알게 된다. 오랜 수련의 끝은 자유라는 것도 깨닫는다.

작가 리처드 바크는 비행에 대한 꿈을 실현하고자 끊임없이 노력하는 갈매기 조나단 리빙스턴의 삶을 통해 "가장 높이 나는 새가 가장 멀리 본다."라는 삶의 진리를 일깨운다. 우리 인간들에게 "눈앞에 보이는 일에만 매달리지 말고, 멀리 내다보며 자신의 꿈과 이상을 간직하며 살아가라."고 이야기하고 있다.

습관 형성을 위한 필요조건 3가지

조나단이 평생을 두고 연마했던 '높이 나는 법'은 바로 이 책에서 말하고자 하는 '잘 갖추어진 좋은 습관'이라 말할 수 있다. 그러면 매일 활공을 시도했던 조나단처럼 우리 아이가 어떻게 매일 습관을 만들기 위해 노력할 수 있을까?

아이들이 매일 좋은 습관을 실천할 수 있으려면 어른들의 도움이 필요하다. 더 나아가 어른이 아닌 초등학교 학생들이 습관을 기르기 위해서는 어떤 조건들이 필요할까?

첫째, 쉬워야 한다.

우선 모든 과정이 아이들의 눈높이에 맞도록 충분히 흥미롭고 쉬워야 한다. 어른이든 아이든 어렵게 느껴지면 시도할 용기조차 나지 않는다. 어린아이들에게 처음부터 어렵다고 느껴진다면 두렵기까지 할 수 있다. 또 실행하기가 어려워 실패가 반복되면 부정적 자아개념이 생길 수도 있다. 그래서 첫 번째로 중요한 것은 내 아이의 수준에서 쉬워야 한다는 것이다.

예컨대, 아이에게 줄넘기를 가르치고 싶다면, 먼저 운동화를 신고 나가는 것부터 시작하는 것이다. 운동화 신고 줄넘기 들고 나가기를 며칠 반복해도 좋다. 그다음은 줄넘기 손잡이를 잡아보고 돌려보게 한다. 이렇게 최대한 단순하고 쉬운 동작으로 시작해서 단계적으로 접근한다.

부모는 이것을 늘 머릿속에 넣어두고 새로운 습관을 시작할 때마다 떠올려야 한다. 첫 단계는 무조건 쉬워야 한다는 것. 시작을 쉽게 하면 나머지는 그냥 따라온다. 시작 시점부터 완벽한 습관을 만들려고 애쓰기보다는, 쉬운 일을 반복하는 것에 초점을 둔다.

둘째, 욕구와 습관을 연결시켜라.

초기 행동이 아이의 욕구를 충족시킬 수 있다면 습관이 형성되기 쉽다. 우선, 아이가 좋아하는 것을 관찰해야 한다. 밖에 나가 노는 것, 게임 하는 것, 간식 먹는 것 등 내 아이를 움직이게 하는 매력적인 것을 찾는 것이 우선이다. 그다음 그 욕구와 습관을 연결 짓는다.

아들 녀석이 한창 밖에 나가 놀이터에서 노는 재미에 푹 빠져있던 때가 있었다. 유치원에서 돌아온 아이가 가장 먼저 하고 싶어 하는 것은 놀이터에서 노는 것이었다. 무조건 아이가 원하는 것을 맛보게 하지 말고 여기에 이 원칙, 욕구와 습관을 연결 지을 수 있다.

"그래? 그럼 먼저 집에 가서 가방 놓고, 편한 옷으로 갈아입고, 엄마랑 책 한 권 읽고 난 다음, 나가서 놀자."

이렇게 말한다. 처음에는 조금 힘들 수도 있다. 아이는 습관이 얼마나 중요한지 모르기 때문이다. 여기서 물러서면 안 된다. 왜냐하면 엄마는 습관의 중요성을 알기 때문이다. 곧 집으로 들어와 습관 만들기를 행한다.

아이가 읽고 싶은 책을 꺼내오게 한다. ➔ 책은 아이가 선택하게 한다(직접 고르면서 존중받았다고 느끼게 하는 것도 중요하다). ➔ 그런 다음 엄마랑 책 한 권 읽고 ➔ 놀이터로 향한다.

이제 막 한글을 떼어서 한 자 한 자 더듬거리며 읽던 막내에게 가장 중요한 일과 중 하나인 '1일 1책 읽기'를 이렇게 실행했다. 하루 1권이지만, 한 달이면 30권이다. 아이가 좋아하는 것이나 욕구를 습관에 연결시켜서 기본 습관을 만들어보자.

셋째, 작은 성공을 맛볼 수 있어야 한다.

우리는 어떠한 경험이 만족스러울 때 그 행동을 더 하고 싶어진다. 오늘 하루 아이가 잘한 행동이 있다면 즉시 칭찬한다. 아이가 스스로 성공했다고 인식할 수 있도록 말이다.

앞에서 예로 든 줄넘기 익히기에 적용해 보면, "오늘 피곤한데 혼자서 운동화 신고 줄넘기도 챙겼네. 오늘은 그것으로 충분해, 잘했어."라고 칭찬과 격려를 아끼지 않는다.

그리고 이것을 시각화할 수 있도록 스티커와 스티커판을 준비하여 스스로 붙여보게 한다. 아이는 스티커를 붙이는 순간, '아! 내가 해냈구나. 성공했구나!' 하는 일종의 작은 성취감을 맛볼 수 있다. 이렇게 작은 성공을 맛본 아이는 그 행동을 반복하고 싶은 욕구가 생겨난다. 습관을 만드는 과정이 즐거워진다. 습관이 즐거워질 때 변화도 따라온다.

* * *

이러한 습관의 강화 장치들을 만들기 위해서는 내 아이를 세심하게 관찰해야 한다. 사교육에 의존하거나 옆집 엄마의 옆집 아이에게 맞추어진 방법을 적용해서는 안 된다. 내 아이에게 맞는 방법을 선택해야 한다. 그러면 과정이 쉬워진다.

아이의 타고난 재능과 기질에 부합하는 관심사를 찾아 습관으로 연결하는 것이 필요하다. 내 아이에게 잠들어 있는 조나단을 찾는 것이다. 조나단은 '나는 것'에 열광했다. 내 아이는 어떤 것을 좋아하는지, 어떤 능력이 뛰어난지 찾고, 내 아이에게 적합한 방법을 궁리해 보자. 그리고 1) 쉽게, 2) 아이의 욕구에 충족하게, 3) 작은 성공을 맛볼 수 있게 적용해 보자.

5

왜 내적동기를
자주 경험해야 할까?

어른이고 아이고 어떤 일을 성공적으로 이끌기 위해서는 외적동기보다는 내적동기가 있어야 한다.

"엄마가 1등 하면 컴퓨터 사줄게.", "숙제 다 해 놓으면 유튜브 보여줄게."처럼 행동의 이유를 외부에서 찾는다면 외적동기이다. 반면에 어떤 목표로 가는 과정 자체에서 기쁨과 만족감을 느끼는 등 행위의 이유가 내 안에 있다면 내적동기이다. "가슴 뛰는 설렘", "이 일을 하고 있으면 내가 살아 있음을 느껴!"처럼 일 자체에서 행동의 이유를 찾는다.

이왕이면 강한 내적동기가 있어 일이나 공부를 하고, 그 과정도 즐길 수 있다면 얼마나 좋을까! 그러나 결코 쉽지 않다. 일반 성인도 가슴 뛰는 설렘을 안고 시작하지만 오래 버티지 못하고 중도에 그만두거나 포기하는 일들이 얼마나 많은가! 하물며 아직 10살 안팎의 어린아이들이라면 말하지 않아도 알 수 있다.

그럼 아이들에게 어떻게 하면 내적동기와 같은 열정을 불러일으키고 목표를 오래 지속시켜 습관으로 만들어 낼 수 있을까? 먼저 동기의 특성에 대해 살펴보자.

무엇이 외적동기를 내적동기로 변화하게 할까?

동기는 고정되어 있지 않다. 어떤 경우는 외적동기가 그대로 외적동기로 남아 있기도 하고, 때로는 어떤 계기를 통해 내적동기로 변할 수도 있다. 반대로 강한 내적동기를 가지고 시작했지만, 마음이 식어서 어쩔 수 없이 하는 외적동기로 바뀔 수도 있다.

가장 긍정적인 것은 외적동기로 시작했다가 내적동기화되는 것이다. 어떤 일을 처음에는 '별로다.'라고 생각했는데, 시간이 지나면서 '나에게 맞네!', '재미있네.' '내가 이렇게 성장했네.'라고 느껴 점점 좋아지는 일이 있다. 내적동기가 생긴 것이다. 그럼 '무엇이 외적동기를 내적동기로 변화하게 했을까?'라는 궁금증이 생긴다.

정신과 의사인 문요한은 《스스로 살아가는 힘》에서 내적동기는 두 가지 요소와 관련되어 있다고 말한다.

1) 향상감을 느껴야 한다

첫째는 '향상감'으로 내가 점점 나아지고 있다는 것을 느낄 수 있어야 한다. 어떤 일을 처음 시작할 때 관심도 없고, 하기도 싫었는데 막상 해보니 실력이 늘고 또 주변 사람들로부터 칭찬과 인정을 받게 되어 그 일에 더 매진하게 되는 경우이다. 흔히 우리는 유명 스포츠 선수나 예술가들이 어려서부터 자신의 분야에 열정이 넘치고 좋아했다고 오해한다. 생각해 보자. 네다섯 살에 피아노치고, 공 차는 것에 얼마나 열정이 있겠는가? 부모나 교사의 이끌림으로 시작했다가 '향상감'을 느껴 열정이 생겨나는 경우가 대부분일 것이다.

그러면 초등학생에게 어떻게 해야 향상감을 느끼게 해줄 수 있을까? 성인은 스스로 목표에 도달하기 위한 적절한 하루 목표량을 조절할 수 있다. 그러나 초등학교 3학년이 스스로 자기 관리를 하기는 어렵다. 바로 여기서 부모와 교사의 도움이 필요하다. 필자가 실천한 방법을 제안한다면, '시작 출발점 행동은 무조건 쉽고 간단해야 한다'이다.

예를 들어, 일기 쓰기 습관을 길러주고 싶을 때는 다음처럼 단계를 나누면 좋다.

1단계는 날짜를 쓰고 그날 가장 기억에 남는 일을 간단한 그림으로 표현해보게 한다. 그림으로 표현하는 것에 익숙해졌다면,

2단계는 그날의 내 기분만 적어보게 한다. "놀이터에서 놀아서 신났다.", "엄마가 젤리를 사주셔서 기뻤다." 등으로 적어보게 한다.

3단계는 좀 더 살을 붙여 세 문장으로 늘려간다. 언제, 누구와 어디서, 무엇을, 어떻게, 왜 등으로 글의 길이를 조금씩 늘여가는 것이다. "엄마랑 놀이터에 나갔는데 내 친구 태우를 만났다. 태우랑 나는 미끄럼틀과 그네를 탔다. 혼자 놀 때는 심심한데 친구랑 놀아서 정말 신났다."

이런 과정을 거치면서 아이들은 '내가 점점 나아지고 있구나!'를 느끼며 그림일기 쓰기를 자연스럽게 배운다.

최근에 학교에서는 일기 지도보다는 저널 쓰기를 한다. 다양한 주제를 제시하고 아이들이 마음에 드는 주제를 골라 글을 쓰게 한다. 그림일기 등 기초적 글쓰기 습관이 배어 있지 않아 3문장 쓰기도 힘들어하는 학생들을 많이 본다. 출발점 행동과 과정이 없기 때문일 것이다. 그래서 쉽게 할 수 있는 출발점 행동을 정하는 것은 매우 중요하다.

2) 중요성을 인식해야 한다

둘째는 '중요성'으로 그 일의 중요한 정도만큼 내적동기화할 수 있

다. 즉, 정말 하고 싶은 것은 아니지만 중요하기 때문에 하는 것이다. 나에게 중요하기 때문에 귀찮거나 어려움이 있어도 해낸다.

그러나 초등학생이 스스로 어떤 습관의 중요성을 알기는 어렵다. 주변 부모나 교사의 적절한 지도가 수반되어야 하는데, 자칫 잘못하면 잔소리로 치부될 수도 있기에 아이들의 눈높이에 잘 맞추는 것이 관건이다.

'우리 반 아이들에게 이부자리 정리하는 습관의 중요성을 알려주고 싶어서 어떤 방법이 좋을까?'를 고민한 적이 있다. 초등학교 3학년에게 담임교사의 영향력은 절대적이다. 그래도 선생님만 이렇게 생각하는 것이 아니라 정말 유명한 사람도 '이불 개는 것은 중요하다.'라고 말하고 실천했다는 것을 보여주면 더 설득력이 있을 것으로 생각하여 관련 동영상을 찾아 지도한 적이 있다. 신문 기사나 동영상, 책 등 아이들의 수준에 맞는 시청각 자료를 활용해서 간접적으로 경험하게 하여 그 습관의 중요성을 인식할 수 있도록 하는 것도 좋은 방법이다.

3) 적절한 보상은 윤활유 역할을 한다

마지막으로 적절한 보상은 외적동기를 내적동기화하는 데 윤활유 역할을 한다. 아이들은 작고 사소한 것에도 기뻐하고 좋아한다. 전혀 생각지도 않은 작은 것에 신나고 세상을 다 가진 것처럼 좋아한다.

우선 가장 쉽게 할 수 있는 것으로 스티커 등을 활용해 심리적 보상을 줄 수 있다. 스티커가 모이면 개수에 따라 아이가 원하는 간단한 학용품이나 간식으로 보상한다. 주변에 천 원 가게나 아이스크림 가게에 같이 가서 직접 고를 수 있도록 하는 것도 방법이다. 이 또한 아이에게는 부모와 함께한 즐거운 이벤트로 오래 기억된다.

6

나는 누구일까요?

습관을 기르는 교육을 할 때 반드시 병행해야 할 것은 바로 '자기 이해'의 영역을 넓히는 것이다. 나의 현재 습관을 떠올리고 문제가 있는지 없는지를 탐색하고 나에게 적합한 방법을 찾는 것은, 결국 자기 이해를 통해서 가능하기 때문이다. 그래서 습관과 자기 이해를 따로 떼어놓고 생각할 수 없다. 물론 초등 3학년 아이가 나를 인식하고 이를 습관 형성과 연결하는 것이 쉬운 일은 아니다.

가장 먼저 사귀어야 할 친구는, 바로 나

그래서 초등 3학년에게 '나 자신을 찾아보자.'라고 말로 접근하기
보다는 '친숙한 친구'라는 개념으로 나 자신을 들여다보게 한다. 매
년 학생들을 새롭게 만나고, 자기 이해 영역의 학습과 활동을 할 때
는 정채봉 작가의 《단 하나뿐인 당신에게》라는 책에서 아이디어를
얻어와 지도한다.

"애들아, 새 학년이 되어서 새로운 친구를 많이 사귀고 싶지? 그
런데 너희가 가장 먼저 알아야 하고 사귀어야 할 첫 번째 친구가
누구인지 알아?"

아이들은 잘 모르겠다는 표정을 지으면서 "엄마", "아빠", "옆집
친구", "우리 가족" 등 다양한 답을 쏟아낸다. 이어서 "선생님이 생
각하기에 너희가 가장 먼저 알아야 하고 또 사귀어야 할 친구는 바
로 '나' 자신이야!"라고 말하면 아이들은 선생님이 무슨 뚱딴지같은
소리를 하는지 모르겠다는 표정을 짓는다. 이내 잔잔한 배경음악을
깔고 정채봉 작가의 《단 하나뿐인 당신에게》 중 한 소절을 소리 내
어 읽어준다.

"내 마음을 알아주고 무엇이든 함께할 친구를 갖고 싶나요?

그럼 먼저 자기 자신과 친구가 되어야 합니다.

자기 자신과 친구가 된다는 건,

'바로 이게 나의 좋은 점'이라고 자신 있게 말하는 것이지요.

'난 다른 건 몰라도 이건 잘해'라고 말하는 것이지요.

찾아보세요. 당신에게도 당신이 발견하지 못했던 장점이 많이 있

을걸요?"

이외에도 다양한 나의 장점 찾기와 관련된 동화책들을 이용해서
스스로 내 장점을 찾아보는 활동을 하게 한다. **자기 이해 → 자기 격려
→ 꿈 찾기 → 현재 내 모습 진단 → 롤 모델 찾기 → 나의 다짐** 순으로 활동을
연결해 간다. 관련 자료는 서울시교육청에서 발간한 자기주도 학습
용 자료 〈나는 꿈을 향해 달린다〉를 활용한다.

① '나'는 이런 사람입니다.

-내가 불리고 싶은 별칭

-내가 잘하는 것

-노력해야 하는 것

-나를 기쁘게 하는 순간

-내가 좋아하는 것

-힘이 되는 말

② '나'를 칭찬합니다.

③ '내'가 이루고 싶은 꿈은?

④ '내'가 꿈꾸는 '나'는?

⑤ 현재 '나'의 모습은?

⑥ 꿈을 향해 달리는 '나'의 모습

⑦ '내'가 닮고 싶은 사람은?

⑧ 꿈을 이루기 위한 '나'의 약속

나를 알아가는 활동은 3월 학기 초에 실시하면 좋다. 선생인 나도 아이들을 알아가고, 아이들도 자기 자신을 찾아가는 활동이기 때문이다. 그리고 이 활동을 꾸준히 하다 보면 아이들이 순해진다.

아이 스스로 긍정적인 자아상을 찾는 것

민우는 친구와 자주 다투고 다소 예민한 모습을 보여주는 아이다. 키도 작고 몸집도 작은 민우는 쉬는 시간이면 친구들의 잘못을 이르기 바쁜 아이다. "선생님 00이가 저를 밀었어요.", "선생님 00이가 지우개를 안 빌려줘요." 등등, 본인도 학급 규칙을 왕왕 어기거나 실수가 잦은 편인데도 친구들에게 너그럽지 못했다. 또 쉬는 시간에는 고래고래 고함을 치며 교실이 마치 자기 집인 양 행동하기도 한다.

그런데 신기하게도 수업 시간, 특히 발표 시간만 되면 개미 목소리가 된다. 나에 대해 말하는 부담 없는 발표에도 목소리는 기어들어 간다. 자신감이 없는 것이다. 그러던 민우가 자기 이해 활동을 하고 부터는 조금씩 달라지는 모습을 보여주었다.

처음 자기 이해 활동으로 〈'나'는 이런 사람입니다〉를 진행했는데, 시작하자마자 민우는 학습지를 들고나왔다. "선생님, 잘 모르겠어요.", "그래? 그럼 네가 아는 것부터 천천히 잘 생각해 보고 적어봐." 라고 자리로 돌려보내기를 여러 번 반복했다. 그렇다. 어른도 '내가 누구인가?'라는 질문에 술술 답이 나오기는 쉽지 않다. 하물며 초등학교 3학년, 게다가 학교생활에 잘 적응하지 못하는 아이라면 더욱 답을 찾기 힘들 것이다.

그런데 시간을 두고 민우를 관찰해보니 신체 행동이 민첩해서 체육 시간에 다양한 종목을 곧잘 하는 것이 눈에 띄었다. 또 학습 능력이 다소 떨어지는 것에 비해 그림 그리기나 꾸미기, 만들기 같은 미술 활동을 좋아하고 잘하는 것도 관찰할 수 있었다. 그래서 어느 날 지나가는 말로 칭찬해 주었다.

"민우야, 너는 선생님이 보니까 체육도 잘하고 미술도 잘하더라. 앞으로 그런 쪽으로 네 꿈을 한 번 찾아봐. 잘할 것 같은데!"

이 말이 계기가 되었는지는 모르겠지만, 아이는 변화하기 시작했다. 자신감 없고 열등감에 힘들어하던 아이의 표정이 밝아진 것 같았고, 친구들과도 문제를 일으키는 일이 점점 줄어들었다.

그러던 어느 날 아침, 쿵쾅거리며 교실에 들어서더니 가방도 내

려놓지 않고 나에게 다가온다. "선생님, 저 오늘부터 미술학원 다녀요."라며 툭 한마디 던진다. "그래? 민우는 지금도 잘하는데 더 잘하겠네."라고 추켜 주었더니 신이 나서 자기 자리로 돌아간다. 이후에도 민우는 여전히 개구쟁이지만 조금씩 나아지는 모습을 보여주어 나를 흐뭇하게 해주었다.

***

좋은 습관을 기르기 위해서는 먼저 나를 알아야 한다. 초등학생에게 나는 또 다른 새로운 친구인 '나'를 만나는 것이다. 아이가 부정적인 '나'를 마주하고 있다면 습관 지도는 어렵고 힘들다. 습관 지도를 하기 위해서는 가장 먼저 해야 할 것은 아이 스스로 긍정적인 자아상을 찾는 것이다. 이를 위해서는 아이 눈높이에 맞는 동화책이나 학습 자료를 활용하여 숨겨진 나의 장단점을 마주하고 '내가 누구인지' 아는 것이 중요하다. 습관 지도는 그다음이다.

▷ **나는 이런 사람입니다**

① '나'는 이런 사람입니다.

　- 내가 불리고 싶은 별칭은? ＿＿＿＿＿＿＿＿＿＿＿

　- 내가 잘하는 것은? ＿＿＿＿＿＿＿＿＿＿＿＿＿

− 내가 노력해야 하는 것은? _____

− 나를 기쁘게 하는 순간은? _____

− 내가 좋아하는 것은? _____

− 나에게 힘이 되는 말은? _____

② '나'를 칭찬해보세요.

_____

③ '내'가 이루고 싶은 꿈은?

_____

④ '내'가 꿈꾸는 '나'는?

_____

⑤ 현재 '나'의 모습은?

_____

⑥ 꿈을 향해 달리는 '나'의 모습은?

_____

⑦ '내'가 닮고 싶은 사람은?

_____

⑧ 꿈을 이루기 위한 '나'의 약속

_____

7

다이어리 쓰기로
하루 루틴 만들기

내가 가야 할 목적지를 찾아가는 지도

다이어리를 쓴다는 것은 내 삶을 디자인하고 가꾸는 것이다. 초등 3학년의 눈높이로 표현하자면, 오늘 내가 가야 할 목적지를 찾아가는 지도를 만드는 것이다. 다이어리는 헛되이 버리는 시간이 없는지, 시간을 아껴 쓰고 있는지를 생각해 볼 수 있는 시간 지도이다.

습관 하나를 만들고 또 잘못된 습관을 고쳐가는 것도 중요하지만, 하루, 한 주, 한 달 등으로 확장하는 시간의 관점에서 전체적인 습관을 조절하고 점검해 보는 것도 필요하다. 그래서 습관 지도와 함께 다이어리(플래너) 쓰는 법을 같이 지도한다면 더욱 효과를 높일 수 있다.

의지만으로 목표를 이룰 수는 없다. 하루하루의 습관이 쌓이고 쌓여서 결국 자기주도 학습력이 생기고, 더 나아가 꿈으로 향해 갈 수 있다. 그 노력의 기록을 눈으로 보고 확인하면서 갈 수 있다면 더욱 효과적이다. 그런 측면에서 다이어리는 일종의 발자취이다. 내가 얼마나 노력하고 있는지, 처음 출발은 어땠는지 또 내가 내 손으로 적고 내 눈으로 확인하는 과정을 통해, 비록 어리지만 반성과 다짐의 계기를 만들어 주는 것이 다이어리 쓰기이다. 결국 습관이나 자기주도 학습을 만들어갈 때 중요한 것은 성공할 수 있도록 시스템을 만드는 것이다.

3학년 꼬마가 벌써 다이어리를 쓴다고?

우리 반 민지는 또래에 비해 야무진 아이다. 어느 날 쉬는 시간에 민지가 조그만 수첩에 무엇인가를 적는 모습이 눈에 띄었다. 궁금해서 다가가 보니 다이어리에 그날 할 일을 적고 있었다.

'3학년 꼬마가 벌써 다이어리를 쓰고 있다니.'

기특하기도 하고 놀랍기도 했다. 민지는 3학년이 되면서부터 쓰기 시작했다고 한다. 아직 서툰 부분도 있었지만, 이 아이는 적어도 엄마에게 의존하지 않고 자기 삶을 꾸려가고 있는 중이었다. 그래서인지 민지는 모든 교과 학습을 잘하고 생활 부분에서도 나무랄 데가 없는 아이였다. 아이의 열정과 의욕, 성실함이 다이어리 쓰기에서 비롯된 것은 아닐까 하는 생각도 들었다.

초등 3학년은 하루를 어떻게 보낼까? 대부분 아이는 주로 엄마가 하라는 대로 생활한다. 아침에 엄마가 깨워주면 일어나서 밥 먹고, 학교에 가라는 시간에 집을 나선다. 또 엄마가 일러주는 시간에 학원에 간다. 내가 주도하는 생활이 아닌 엄마가 주도하는 생활을 하기 쉽다.

초등 때의 공부는 교육이 삶이고, 삶이 교육이 되어야 한다. 점점 엄마 손에서 벗어나 일과를 계획하고 그 계획에 따라 아이 스스로 움직일 수 있어야 한다. 언제까지 엄마가 개인 비서 역할을 할 수도 없기 때문이다.

그렇다면 어떻게 아이가 스스로 계획하고 행동하게 할 수 있을까? 이때 다이어리 쓰기는 좋은 방법이다.

일단 일반 성인용 다이어리가 아닌 내 아이에게 맞는 다이어리를 선택하는 것이 중요하다. 그리고 아이에게 맞는 하루 계획, 즉 루틴을 찾는다. 루틴을 한 번에 찾기는 어렵다. 시간을 두고 이렇게도 해보고 저렇게도 해보는 실험의 과정이 필요하다. 이렇게 루틴을 찾았다 해도 계속 수정해 간다고 생각하고 접근하는 것이 좋다. 처음에 아이 혼자 루틴을 만들고 계획을 세우는 것이 어려우므로, 부모가 지속적인 관심을 갖고 도움을 주어야 한다.

수학 한 문제 더 맞고, 영어 단어 하나 더 아는 것보다 중요한 것은 자기의 삶을 스스로 계획하고 스스로 실천하는 힘을 기르는 것이다. 그리고 부모의 역할은 결국 자녀를 독립시키는 것이다.

나이가 들면 자연스럽게 독립하겠지만, 건강하고 안전한 행복한 독립을 위해서는 연습이 필요하다. 깨우지 않아도 스스로 일어나기, 자신의 할 일을 스스로 계획하기, 내 꿈을 찾고 한 발 한 발 나아가기 등 자기가 주도하는 삶을 가르쳐야 한다. 나에게 필요한 부분과 부족한 부분을 스스로 체크하고 알아내는 메타인지를 키워야 한다.

하루 루틴을 찾는 것은 좋은 습관의 기본이다

처음은 현재 나의 모습을 인식하는 것부터 시작이다. 나의 하루 생활을 기록해 보고 어떻게 시간을 쓰고 있는지 살펴보게 한다. 그리고 하루 생활에서 고쳐야 할 점이나 느낀 점을 찾아보게 한다. 초등학교 3학년이면 한글 쓰는 데 무리가 없으므로 충분히 가능하다.

예를 들어 아침에 일어나는 시간, 밥 먹는 시간, 학교 가는 시간,

하교하는 시간, 학원이나 방과후 수업 시간, 저녁 먹는 시간, 숙제하는 시간, 잠자는 시간 등을 아이랑 의논하여 정한다. 매일 반복되는 하루 루틴은 아이가 지킬 수 있고, 거부감 없이 행할 수 있어야 한다. 하루 루틴이 제대로 잡혀야 다이어리 쓰기는 성공할 수 있다.

해마다 한두 명은 자주 지각하는 아이들이 나오는데, 학기 초에 지각하는 아이는 1년을 두고 지각한다는 공통점이 있다.

우리 반 규진이도 자주 지각하는 아이였다. 9시 넘어 등교하는 것이 연일 반복되길래, 조용히 불러서 이야기를 나누었다. 나름의 경고 아닌 경고였다.

"규진아, 내일도 또 늦게 올 거니? 내일은 등교 시간 맞춰서 오자. 약속이다."

그런데 다음 날 얼마나 빨리 왔는지 규진이는 혼자서 문이 잠긴 교실 앞에서 서성거리고 있었다.

"규진아, 오늘은 왜 이렇게 빨리 왔어? 선생님 오기도 전에 오면 위험할 수도 있는데."

"엄마가 빨리 가라고 했어요."

'어제 이야기를 엄마에게 전했나 보다. 뭔가 달라지려고 노력했구나!' 싶어서 크게 칭찬해 주었다.

"우리 규진이가 오늘은 지각하지 않고 등교하니까 선생님도 기쁘네."

사실은 아이의 문제점과 원인을 찾은 것 같아서 기뻤다. 규진이는 자신의 루틴이 없었고, 그래서 그날그날의 생활 리듬이 제각각이었던 것이다. '내일은 언제 등교할까?' 하고 기대를 했는데, 안타깝게도 다음 날은 또 지각이다. 아직 나의 루틴을 만들지 못했고, 단단하게 내 일상을 만드는 훈련이 부족해서 지각이 잦았던 것이다.

초등 3학년에게 규칙적인 생활 리듬, 즉 정해진 하루 루틴을 잡는 것은 좋은 습관 지도의 가장 기초이다.

하루 루틴이 잡히면 1년의 시간 개념을 익히기 위해 1월부터 12월까지 달력을 살펴보며 크고 굵직한 행사들을 살펴본다. 여름방학, 겨울방학, 개학식, 종업식, 가족 행사 등 1년이라는 시간을 아이와 대화하고 기록하면서 살펴본다. 자연스럽게 봄, 여름, 가을, 겨울 등의 계절과 절기도 이해하게 된다. 이것을 반복하면 아이의 머릿속에 1년이라는 시간 개념이 자리 잡게 된다.

이제는 한 달로 좁혀 본다. 그리고 이번 달 도전 목표를 스스로 정해 보게 한다. 아주 작은 습관이라도 좋으니 아이 스스로 뭐라도 적어보는 것이 중요하다.

운동: 줄넘기 X자 10개 성공하기
독서: 한 달에 10권 읽기
글쓰기: 일주일에 1편 쓰기

등등 한 달의 목표를 적는다. 그러면 각각의 목표에 따른 주별 계획을 작성할 수 있다.

줄넘기 x자를 도전 목표로 한다면, 첫째 주는 매일 2개 연습하기, 둘째 주는 4개 연습하기, 셋째 주는 8개 연습하기, 넷째 주는 10개 성공하기 등으로 목표를 작은 스텝으로 쪼개면 부담 없이 실천할 수 있다.

한 달의 목표를 여러 개 세우기보다는 한 달에 한 가지 습관을 원칙으로 욕심부리지 않는 것이 초기 출발의 유의점이기도 하다.

***

삶이 교육이 되고 교육이 삶이 되는 것, 내가 내 삶의 주인이 되는 연습은 빠르면 빠를수록 좋다. 부모에게 의존하는 삶이 아닌 스스로 내 삶을 계획하고 자기주도적으로 살아가는 힘을 길러준다면 그 무엇보다 중요한 유산을 남겨주는 것이다. 결국 모든 교육의 궁극적인 목표는 아이의 자립이라는 것을 잊어서는 안 된다. 그러기 위해서는 나만의 좌표가 있어야 하는데, 다이어리(플래너)가 바로 그 역할을 해줄 것이다.

▷ 플래너 쓰는 방법

1. 먼저 현재 나의 일과 적어보기
- 문제점 파악 : 시간 낭비, 들쑥날쑥한 기상 시간 등
- 초등학교 3학년이면 한글 쓰는 데 무리가 없으므로 충분히 가능하다.

2. 내가 매일 해야 하는 일 목록 만들기
- 아이랑 대화하며 무리하지 않게 잡아야 한다.

    예) 아침에 일어나는 시간, 밥 먹는 시간, 학교 가는 시간, 하교하는 시
    간, 학원이나 방과후 수업 시간, 저녁 먹는 시간, 숙제하는 시간, 잠자는
    시간 등

3. 하루 루틴 잡기
- 다이어리 쓰기는 성공할 수 있다.
- 단박에 만들 수 없으므로 짧게는 일주일, 길게는 한 달의 시간을 두고 수
  정하고 또 수정하며 정교한 타임라인을 만들어 보자.
- 루틴과 타임라인이 만들어졌다면 무한 반복하기(적어도 21일 이상)

4. 하루 루틴이 자리를 잡으면 1년의 시간 개념을 익히기 위해 1월~12월
   까지 달력을 살펴보며 크고 굵직한 행사를 살펴본다. 여름방학, 겨울방
   학, 개학식, 종업식, 가족 행사 등

5. 1년이라는 시간 개념이 아이의 머릿속에 그려지면 한 달로 좁혀 본다. 그리고 이번 달 도전 목표를 아주 작은 습관이라도 좋으니 아이 스스로 뭐라도 적도록 한다.

6. 한 달 도전 목표를 기준으로 주별 목표를 정한다.
   - 아이가 부담 없이 그리고 무리 없이 실행할 수 있는 것으로

7. 주별 목표를 정했으면 하루 목표를 정한다.

8

습관 지도를 위한
칭찬 기술 4가지

꾸지람보다는 칭찬

아이나 어른이나 칭찬을 받으면 기쁘고 즐겁다. 어떤 일을 하고 있을 때 칭찬을 받으면 신바람이 나서 더 잘하고 싶다. 칭찬이 얼마나 강력한 힘을 가지고 있으면, "칭찬은 고래도 춤추게 한다."라고 했을까! 칭찬받은 커다란 고래가 신이 나서 춤추고 있는 모습은 상상하기만 해도 입가에 미소가 번진다. 아이들도 다르지 않다. 전혀 해낼 수 없을 것 같은 일도 칭찬을 받으면 기분이 좋아져서 하는 시늉이라도 한다. 아이에게 지나친 칭찬은 오히려 독이 된다는 전문가의 조언도 있지만, 아이를 움직이게 하는 것은 꾸지람보다는 칭찬이다. 칭찬이 놀랄 만한 힘을 가지고 있다는 것은 사실이다.

우리 집 막내는 7살 유치원생이다. 퇴근 후 아이들 데리러 가면 유달리 신이 나서 재잘재잘 떠들어 대는 날이 있다. 대번에 '아, 오늘 칭찬받았구나!' 하는 생각이 든다. "엄마, 오늘 종이접기를 했는데 선생님이 내가 어려운 것도 잘 접는다고 종이접기 박사님이라고 했어. 나, 집에 가서도 연습할 거야." 말하는 내내 웃음이 가득한 아들 녀석을 보니 나도 덩달아 신이 난다.

그날 저녁이었다. 평소보다 남편이 일찍 와서 오랜만에 가족이 모두 모여 저녁을 먹게 되었다. 남편은 아직 젓가락질이 서툰 막내를 보고 있더니 "태우야, 젓가락 잡을 때 손가락 어떻게 한다고 했어? 아빠가 여러 번 이야기했는데?"라며 꾸짖는 말투로 말했다. 아이는 젓가락을 고쳐 잡고 배운 것을 기억해 내려는 듯 손가락이 바쁘다. 아이의 눈에서는 금방이라도 눈물이 떨어질 것만 같다. 저녁을 다 먹고 남편에게 한마디 했다. "당신은 절대 선생 하면 안 되겠어요. 애들다 잡겠어요." 남편은 머쓱한 듯 아무 말도 못 하고는 그제야 아이에게 미안했는지 막내에게 가서 상황에도 맞지 않는 좋은 말 몇 마디를 던진다. 조금 전까지도 아빠에게 혼이 나 울상이던 막내는 칭찬이 뭐라고 금세 얼굴이 환해졌다.

학교에서 만나는 아이들도 그렇다. 나는 별생각 없이 지나가는 말로 "은주야, 요즘 글씨가 예뻐졌다. 은주가 정성 들여 쓰는 것이 느껴져서 선생님이 기쁘네." 칭찬해 주었다. 그러고는 잊고 있었는데, 어느 날 퇴근길에 방과후 학교가 끝난 아이를 데리러 학교에 온 은주 어머니를 만났다. "선생님, 은주가 지난번에 글씨 잘 써서 칭찬받았다고 정말 좋아했어요. 은주는 칭찬받는 것을 정말 좋아해요."라고 고마움을 표현하였다.

은주는 한글이 부족해서 읽고 쓰기에 어려움을 겪고 있는 아이다. 그러다 보니 종종 속이 터질 때가 있다. 자기가 부족한 것을 아이도 이미 알고 있다. 초등 3학년이면 충분히 알 수 있는 나이다. 그래서 조금만 잘해도 칭찬해 주고, 용기를 주는 방법을 택했다. 지금도 여전히 학습에 어려움을 겪고 있지만 그래도 조금씩 나아지고 있다.

습관 지도를 위한 칭찬 기술 4가지

아이에게 습관을 지도할 때도 단연코 칭찬의 원리를 적용해야 한다. 아이가 조금도 나아지지 않는다고 느낄 때조차도 꾸중보다는 칭찬을 선택해야 한다. 아이가 손톱만큼이라도 성장했다면 꼭 칭찬해 주자. 칭찬을 통해 한 발짝 더 나아갈 수 있는 계기가 만들어진다. 그럼 칭찬을 어떻게 해야 효과적일까?

첫째, 뜬구름 잡는 칭찬보다는 실천한 사실을 말해 준다.

아이에게 일찍 일어나는 습관을 지도하는 중인데, 아이가 정해진 시간에 잘 일어났다면, "태우야, 일어났어? 약속한 7시에 잘 일어났네!"라고 사실을 말해 주는 정도로 충분하다. "우리 태우는 진짜 부지런하다. 부지런해." 등의 과잉 칭찬은 금물이다. 이제 한두 번 실천한 것을 가지고 부추기면 아이들은 과정보다는 결과에 더 초점을 둘 수도 있기에 열심히 노력하는 태도를 칭찬하는 것이 필요하다.

둘째, 지나친 보상 칭찬은 독이 될 수도 있다.

아이가 해내기 어려운 습관을 잡아갈 때 약간의 보상은 좋은 효과를 낳는다. 그런데 지나치게 반복하면 중독 위험이 있다. 즉, 칭찬이나 보상이 없으면 그 행동을 하지 않을 수도 있는 것이다. 아이에게 그 습관 자체의 의미와 가치를 가르치는 것이 중요하다. 아이가 습관을 만들어가며 하는 행동에 대해 칭찬하고, 그 행동을 하는 게 왜 좋은지 차근차근 설명하는 것이 효과적이다.

셋째, 다른 아이와 비교하는 칭찬은 하지 않는다.

"윗집 영준이는 일찍 못 일어나고 늦잠 잔다는데, 우리 태우는 혼자서도 잘 일어나고. 대단해." 다른 사람과의 비교 칭찬은 무조건 좋지 않다. 누구는 못하고 나는 했기 때문에 칭찬받는 것이 아니라, 내가 좋은 행동을 했기 때문에 칭찬받는 것이다. "어제는 엄마가 깨워야 일어났는데, 오늘은 혼자서 잘 일어났네."처럼 아이가 어제보다 오늘 내가 성장했음을 스스로 느낄 수 있는 칭찬이 좋다.

넷째, 결과보다는 과정에 초점을 맞춘 칭찬이 좋다.

아이가 수학 시험에 100점을 맞아왔을 때 "우리 태우 멋지다!"라고 결과를 칭찬하는 것보다 "이번에는 실수하지 않았구나. 엄마 아빠는 100점을 맞은 것도 좋지만 태우가 시험 시간에 집중했다는 사실이 더 기쁘네." 또 다른 예로 "역시 우리 태우야." 하는 것보다 "점수가 잘 나왔네. 엄마가 보니까 이번 시험 준비하면서 의자에 오래 앉아 있더라. 노력하는 모습이 훌륭했어."라고 결과보다는 과정에 초점을 맞춘 칭찬이 좋다.

* * *

습관 지도는 꾸준히 반복할 때 성과를 낼 수 있다. 그러나 그 반복의 과정이 아이들에게는 지겨울 수 있다. 반복을 통해 습관을 만들어 갈 때 윤활유 역할을 하는 것이 칭찬이다. 좋은 칭찬은 상대에 대한 무한한 애정과 관심에서 비롯된다. 내 아이에게 힘이 되는 칭찬, 날개가 되는 칭찬을 하려면 아이를 잘 관찰해야 한다. 아이를 세심히 관찰하고 아이가 정말 받고 싶은 칭찬이 무엇인지 잘 찾는 것은 습관 만들기의 좋은 방법이다. 아이를 찬찬히 관찰하면, 부모는 많은 것에서 아이를 칭찬할 수밖에 없다.

9

아이는 부모의 등을 보고 자란다

아이는 부모의 등을 보고 자란다

"아이들은 부모의 등을 보고 자란다."라는 말이 있다. 부모의 솔선수범을 강조하는 말로, 자녀가 부모의 백 마디 말보다는 부모의 행동을 보고 배운다는 말이다.

필자는 고1 딸, 중2 아들, 유치원 7세, 세 아이를 키우고 있다. 다큰 아이들에게 말로 하는 습관 지도는 효과가 없다. 말로 할라치면 금방 얼굴이 붉어진다. 고운 말로 시작해도 끝이 별로다. 아이들이 클수록 말보다는 행동으로 먼저 보여주어야 한다. 자신은 스마트폰에 빠져 살면서 아이들보고 "스마트폰 그만해라. 시간 정해두고 해라."라는 말이 무슨 힘이 있을까? 아이는 귓등으로도 듣지 않는다. 오히려 반발심만 커진다. 우리 집 막내도 가만히 있지 않는다. "엄마는 계속 스마트폰 보고 있으면서 왜 나보고 책만 읽으라고 해요. 너무 하는 거 아니에요!" 처음에는 웃음이 나왔다. 그런데 곰곰이 생각해 보니 맞는 말이다. 부모는 책 하나 읽지 않으면서 자식에게 책 읽기를 강요하는 것은 앞뒤가 맞지 않는다. 그렇다. 내 아이가 길렀으면 하는 좋은 습관, 좋은 생각, 좋은 태도는 부모가 먼저 익히고 솔선수범할 때 자연스럽게 아이들도 따라올 수 있다.

아이의 좋은 습관 만들기는 왜 부모가 함께할 때 더 효과적일까?

첫 번째, 부모의 좋은 습관은 어린아이일수록 더 영향력이 크다.

부모의 생활이 올바르게 정립되어 있다면 말이 필요 없다. 그냥 보여주면 된다. "아침에 일찍 일어나라."라는 말보다 부모가 일찍 일어나서 아침 시간을 보내는 것이다. 필자는 2020년부터 미라클 모닝을 실천하고 있다. 고1 딸에게 한동안 미라클 모닝의 좋은 점을 읊다시피 하며 일찍 일어나는 습관을 길러주려고 무진장 애를 썼다. 헛수고였다. 그래서 생각을 다잡고, 말이 아닌 행동으로 보여주었다. 아침에 일찍 일어나서 책도 읽고, 운동도 하고, 글도 쓰는 모습을 말없이 보여만 주었다. 그런데 어느 순간 딸아이도 미라클 모닝에 동참하고 있는 것이 아닌가! 그래서 물어보았다, 어떤 계기로 미라클 모닝을 하게 되었냐고. "응, 엄마가 매일 실천하는 것을 보니까, 호기심도 생기고 뭔가 좋은 점이 많아 보여서 하게 되었어요. 해보니 정말 좋더라고요. 아침에 여유도 생기고 공부도 잘되고요. 진작 엄마 말을 들을 걸, 하는 생각도 했어요."라며 웃는다.

두 번째, 부모가 함께하면, 아이도 힘이 생긴다.

생각해 보라. 혼자서 새롭게 어떤 것을 시작할 때의 막막함을! 책한 번 읽지 않는 아이에게 책을 읽으라고 한다면, 그것도 혼자서 알아서 하라고 한다면 아이는 책 읽기가 더 싫어질 수도 있다. 방법은 간단하다. 아빠, 엄마를 비롯한 온 가족이 함께하는 것이다. 하루 10분 독서부터 시작한다. 온 가족이 거실에 둘러앉아 책 한 권씩 잡아들고 함께하는 시간을 만들어 보자. 한주, 한 달, 석 달 이어가며 시간을 늘려도 보고, 가족 독서 발표 이벤트도 해보면 덩달아 가족 분위기도 좋아진다.

세 번째, 아이의 머릿속에 무의식중에 습관이 그려진다.

아이가 부모의 좋은 행동을 반복적으로 보게 되면, 아이의 머릿속에 무의식중에 습관이 그려진다. 아이를 둘러싸고 있는 환경이 아이가 좋은 행동을 하게 하는 것이다. 결국 부모도 환경요소의 하나이다. 부모가 하는 좋은 행동이 아이의 잠재의식에 박히고, 그 행동을 보고 자란 아이는 그 행동을 안 하려야 안 할 수 없게 된다.

그럼 어떻게 부모와 자녀가 함께 좋은 습관을 만들어 갈 수 있을까?

첫째, 대화가 필요하다.

한 주에 한 번, 또는 한 달에 한 번 등 정해진 날짜에 가족회의를 해보자. 좋은 습관 기르기를 가족 프로젝트로 만들어 안건으로 올려보자. 이때 충분한 대화로 아이가 스스로 목표를 찾아갈 수 있도록 가이드 역할을 하는 것이 좋다. 열 살, 3학년 아이도 분명 자기 생각이 있다. 때로는 아이에게 필요한 습관을 넌지시 유도하는 것도 하나의 방법이 될 수 있다.

둘째, 습관 지도를 만든다.

생각이 생각에서 멈추면 힘이 없다. 생각을 글로 쓰고, 말로 표현할 때 비로소 그 생각은 생생하게 살아 움직인다. 가족마다 매수가 제법 나가는 스케치북을 준비하고 쭉 누적해 가는 방법이 좋다. 한 면에 앞서 정한 목표를 적고, 그 목표를 이룬 내 모습을 그려본다. 또는 잡지나 신문 같은 것을 준비해서 오려 붙이기를 해도 좋다. 일명 습관 지도를 만드는 것이다. 가족이 다 같이 모여 습관 지도를 만드는 것만으로도 아이는 충분한 자극을 받을 수 있다.

셋째, 선포식이 필요하다.

부모와 함께 정한 이번 달 목표를 온 가족 앞에서 발표하고 선포하

는 것이다. 이때 사진도 찍고 동영상도 촬영해 두면 좋다. 훗날 목표
가 이루어졌을 때 예전 영상을 보면 재미있기도 하고 성공감도 맛볼
수 있다. 발표를 통해 아이는 내가 주인공이 된 듯 즐거워하고 자신
이 해야 할 일, 키워야 할 습관이 더욱 분명하게 머릿속에 자리 잡을
것이다. 그리고 가족 앞에서 선포했기 때문에 책임감도 생길 것이다.
발표를 마친 각자의 습관 지도는 모두가 잘 볼 수 있는 거실이나 장
소에 잘 게시해 둔다.

넷째, 평가회를 한다.

계획을 세웠으니 잘 이루어지고 있는지 점검이 필요하다. 처음 새
로운 습관을 익혀갈 때는 주 단위 평가회가 효과적이다. '이번 주 새
로운 습관을 어떻게 실천했는지', '어떤 어려움이 있었는지', '다음
주는 어떻게 실천할 계획인지' 등 함께 실천과정을 뒤돌아보는 것이
다. 서로의 문제점을 찾고 해결 방법을 찾다 보면 아이의 문제해결
능력도 절로 좋아진다. 이런 경험은 자신의 문제 상황에도 적용하여
문제를 해결하기도 한다.

* * *

내 아이에게 좋은 습관을 길러주고 싶다면 당장 나부터 모범을 보
이자. 부모가 주체적으로 성실히 살아가는 모습을 보여주면 아이도
자신의 습관을 뒤돌아보게 된다. 그리고 온 가족이 대화하고, 습관

지도를 만들며 선포하고, 평가회를 하는 과정에서 가족 사랑을 키워 갈 수 있다. 결국 아이가 바뀌기 위해서는 내가 그리고 가족이 바뀌어야 한다.

초등 3학년은 습관 형성의 결정적 시기입니다

2장

습관 만들기 1단계 :
생활습관을 먼저 잡아라

초3, 생활습관 잘 잡혀 있나요?

"그 사람의 하루는 그 사람의 인생이다."라는 말이 있다. 하루를 잘 살아낸다는 것은 그만큼 중요하다. 그 하루가 모여 한 주가 되고 한 달이 될 것이며 결국에는 한 사람의 인생이 되기 때문이다. 초3, 열 살 아이에게도 하루가 있다. 이 하루를 어떻게 보내느냐에 따라 아이의 내일은 달라질 것이다.

아이가 하루를 알차게 보내기 위해서는 어떻게 해야 할까? 답은 생활습관에 달려있다. 우선 아이의 생활습관을 잘 관찰해 보자.

* 인사는 잘하나요?

* 고운 말을 쓰고 말투가 예의 바른가요?

* 일찍 자고 일찍 일어나나요?

* 올바른 식습관이 잡혀 있나요?

* 규칙적인 운동을 하고 있나요?

* 긍정적인 태도를 지녔나요?

* 과제와 준비물을 스스로 챙기나요?

* 스마트폰에 너무 빠져있지는 않나요?

어떤가? 아이의 현재 상황을 객관적으로 들여다볼 필요가 있다. 만일 위에서 언급한 생활습관에 탐탁지 않은 점수를 줬다면, 반드시 그 모든 것을 잠시 멈추고 아이의 생활을 점검해 봐야 한다. 학원만 보내면 다가 아니다. 조목조목 아이의 하루 생활과 그에 따른 습관을 하나씩 하나씩 확인하고 점검하고 나아가야 한다. 더 멀리 가기 위해, 더 높이 날기 위해, 반드시 멈추고 점검하고 올바른 습관을 길러주어야 한다.

이 장에서는 위에서 언급한 습관 외에도 24년간 교사로 또 세 아이의 엄마로 살아오면서 터득한 특별한 생활습관을 더 추가하였다. 아이의 하루 생활을 더욱 빛나게 할 수 있는 생활습관 10가지를 소개하고, 그 생활습관 형성을 위한 구체적인 방법을 안내하였다.

1

인사는 관계 맺기의 첫 단추

인사는 모든 예절의 시작입니다

인사는 모든 예절의 기본이다. 돈이 들지 않는다. 또 수고롭지 않게 다른 사람에게 좋은 인상을 줄 수 있다. 인사 한번으로 처음 만나는 사람의 기억 속에 오래 남을 수도 있다. 아이나 어른이나 인사는 긍정적인 사회생활을 위한 첫 단추 같은 것이다. 인사의 중요성은 누구나 인정하는 사실이다.

초등 3학년 아이 정도면 인사의 중요성을 모를 나이는 아니다. 그러나 아이들은 인사하는 것을 어려워한다. 부끄러워서일까? 해마다 비슷한 현상이 반복된다. 올해도 3월 첫날, 인사하며 교실에 들어오는 아이가 많지 않았다. 첫날이라 낯설어서 그럴 거라며 지켜보기로 했다. 그런데 나아질 기미가 보이지 않았다. 교실 문을 열고 들어오면서도, 또 교사인 나랑 눈이 마주쳤어도 맨숭맨숭 들어와서는 제 할 일을 한다. '이것은 아니다.' 싶어 대대적인 예절 교육에 들어갔다.

"인사란 무엇인가?"
"인사는 왜 해야 하는가?"
"친구가 나를 보고도 인사하지 않았을 때 내 기분은 어땠나?"

이 같은 질문과 답을 해가며, 아이들이 생활에서 접할 수 있는 사례도 들려주며 지도를 했다. 알림장에도 큼지막하게 '인사 잘하기', '인사는 모든 예절의 시작입니다.'라고 적어 주었다. 이렇게 하니 아이들이 조금씩 움직이기 시작했다. 점점 아침 인사를 하며 교실로 들어오는 친구들이 많아졌다. 그러나 아이들에게 인사는 여전히 어렵다. 쑥스러운지 뒷문에서 인사를 하고는 후다닥 자리에 앉는 아이도 있다.

상대방의 눈을 바라보며 정성을 다하는 인사를 가르치고 싶었다. 그래서 교실 앞의 내 자리 가까운 곳에 발바닥 사진을 붙여두었다.

"여러분, 내일부터는 아침에 학교 오면, 여기 발바닥 그림 위에 서서 선생님이랑 눈 맞추며 아침 인사해요."

이렇게 아이들과 눈 맞춤 인사를 시작했다. 처음에는 어색한지 데면데면한 아이가 꽤 많았지만, 점차 익숙해져 자연스럽게 인사도 하고 짧은 안부 인사도 나눌 수 있게 되었다.

뒷문에서만 하는 빼꼼한 인사가 아닌 눈맞춤하며 다정스럽게 안부를 묻는 인사를 하고부터는 아이들과 한층 더 가깝게 관계 맺음을 하고 있는 것을 느낄 수 있었다. 교사인 나도 뿌듯했고 아이들도 예전보다 훨씬 더 편한 표정으로 아침을 시작하는 것 같았다. 기분 좋게 아침을 시작하니 공부할 때도 즐겁고, 집중도 잘 되며 하루 생활이 편안하게 흘러가는 것 같았다. 인사는 기분을 좋게 하는 마법 같은 힘이 있음을 알 수 있었다.

인사 하나만 보아도 아이의 학교생활이 눈에 보인다

쉬는 시간 옆 반 복도를 지나갈 일이 있었다.

"안녕하세요."

옆 반 아이인데도 생기있는 목소리로 인사를 잘하는 학생이었다.

"안녕! 너는 참 인사도 예쁘게 한다."

지나가는 아이에게 칭찬을 듬뿍 해주었다. 아이도 기분이 좋은지 웃으며 자기 교실로 들어간다. 인사 한번 잘했는데 옆 반 선생님에게 칭찬을 받으니 기분이 좋은 것이다. 그 반 담임선생님에게 묻지 않아도 분명 그 아이는 학교생활을 적극적이고 긍정적으로 하는 아이일 확률이 높다. 자신감도 높을 것이다. 인사 하나만 보아도 아이의 학교생활이 눈에 보인다.

그렇다면 학교생활의 가장 기본이라 할 수 있는 인사 예절, 어떻게 길러주면 좋을까?

첫 번째, 부모가 인사하는 모습을 자주 보여주자.

아이에게 인사하기를 강조하기에 앞서 부모가 먼저 주변 이웃이나 어른들에게 인사하는 모습을 보여주어야 한다. 엘리베이터에서 만난 이웃에게 인사하기, 윗집 어른에게 인사하기, 학교 선생님에게 인사하기 등 부모가 먼저 솔선수범하는 것이다. 또한 가정에서도 내 아이를 대할 때 "고마워.", "미안해." 등의 말을 적절히 사용해서 아이가 생활 예절에 자연스럽게 익숙해지도록 해야 한다.

두 번째, 역할 놀이를 통해 인사하는 연습을 해본다.

낯가림이 심하거나 기질적으로 수줍음이 많은 아이라면 인사하는 것도 연습이 필요하다. 상황 1. 같은 반 친구를 만났을 때, 상황 2. 등굣길에 선생님을 만났을 때 등 아이가 특별히 부끄러워하거나 어려워하는 상황을 설정해 두고 인사 놀이를 하면, 실전에서 거부감 없이 자연스럽게 인사할 수 있다.

세 번째, 예절에 관련된 동화나 그림책을 활용한다.

인사 예절을 소재로 한 다양한 그림책을 통해 여러 인사 방식과 표현을 익히도록 도와주는 것도 좋은 방법이다.

* * *

초등학교 3학년 정도면 가장 기본이 되는 예절인 인사는 상황에 맞춰서 제대로 할 줄 알아야 한다. 인사와 학습은 절대 별개가 아니다. 인사를 잘하는 아이는 학습을 잘하는 아이일 확률이 높다. 인사도 배워야 하고, 배운 것을 실행하면서 자신감이 생긴다. 또 친하지 않은 친구를 만나도 스스럼없이 다가가 먼저 인사할 수 있는 긍정적인 자세도 생긴다. 결과적으로 인사를 잘하는 아이는 학교생활에도 적극적인 아이가 된다.

2

작은 습관부터
시작해야 하는 이유

습관 지도는 정말 때가 있다

올바른 생활 태도는 작은 행동이나 습관이 쌓여서 만들어지는 것이다. 초등 3학년 아이들이 가져야 할 중요한 작은 생활습관 중 하나는 바로 이부자리 정리하기이다. 사실 이 습관은 누구에게나 권하고 싶은 습관 중 하나이다. 아주 작은 행동이지만 나의 존엄함을 인식하고 내 자존감을 +5 이상 높여 주는 묘한 매력이 있다.

작고 사소하지만, 대학 졸업식 유명 연설(해군 제독 윌리엄 맥레이븐은 텍사스 대학교 졸업식 연설 중에 매일 아침 잠자리 정돈을 강조했다.)에도 등장하고 강조되는 이부자리 정돈하기는 머리가 커진 초등 고학년 이상이 되면, 습관 들이기가 쉽지 않다. 이불 개기쯤이야 충분히 하고도 남을 텐데 말이다. 잠이 늘어나는 사춘기가 되면 더욱 어렵다. 아침마다 늦잠 자다 일어나 학교 가기 바쁜데, 이 습관이 길러질까? 소귀에 경 읽기다.

"태하야, 오늘은 이불도 좀 개고 꼭 침대 정리하고 가자!"
"1분도 안 걸린다. 두형아, 이불 개고 침대 정리 부탁해."
나는 아침마다 녹음기를 틀어대듯 똑같은 말을 반복한다. 아이들에게 그렇게 단단히 일러두고 출근하지만 헛수고다. 직장 생활하며 나름 최선을 다해 키웠다고 생각하지만, 늘 아쉽기만 하다. 생활습관에서는 특히 그렇다.

늘 바쁘다, 바빠를 외치고 살다 보니 아이들의 작은 생활습관은 대수롭지 않게 여겼다. '아직 어린데 뭘, 크면 나아지겠지' 싶어 아이의 습관 지도에 시간을 투자하기보다는 내가 빨리 해치워 버리는 쪽을 선택했다. 그리고 아이에게는 "엄마가 할 테니까 숙제하고 공부나 해."라는 말로 대신했다.

그러나 어느새 훌쩍 중고등학생이 되어버린 아이들, 잘못된 생활습관이 눈에 들어온다. 저렇게 큰 녀석이 모르지는 않을 텐데 싶어, 한마디라도 하려고 하면 금세 문을 닫고 제방으로 쏙 들어가 버린다. 뭐든지 때가 있다던데, 때를 놓친 것만 같아 속상하다.

머리 커진, 자랄 만큼 자란 아이를 앉혀놓고, "자, 엄마 따라 해 봐. 이불은 이렇게 접고 베개는 이렇게 올리고…." 뭔가 어색하다. 어쩜 아이들의 태도는 당연하다는 생각이 든다. 그렇게 살아왔지 않은가? 습관 지도는 정말 때가 있다. 어려서부터 제대로 몸에 배도록 한 걸음 한 걸음 지도할 수 있는 때가 있는 것이다. 그때를 놓쳐서는 안 된다.

초등 3학년, 혼자 할 수 있는 것이 많아지는 시기

초등 3학년, 혼자서 할 수 있는 것이 많아지는 이 시기를 놓치지 말아야 한다. 그러나 무조건 "이불을 개라!" 하면 초등 3학년도 할 수 없다. 충분히 동기를 유발하고 하나하나 자세히 가르쳐 줘야 한다.

가장 먼저 동기 부여가 필요하다. 이불 개는 것이 왜 중요한지를 얘기하며 앞서 말한 졸업식 연설 영상을 함께 보는 것도 좋다. 또 이부자리 정리 전후의 사진을 보여주면서 비교해 보게 한다. 그리고 완전한 잠자리 독립을 시작하는 시기가 3학년 즈음인데, 이때 막 제 방과 침대를 갖게 되었다면 충분히 이부자리 정돈의 중요성을 가르칠 수 있다. 아주 확실한 동기 부여가 될 수 있다.

그다음에는 이불 개는 시범을 보여주고, 아이가 따라 하게 한다. 혼자서 두세 번 이불 접기를 연습해보면 더욱 좋다. 아이들이 많다면 놀이형식으로 이불 개기 시합을 하는 것도 재미있다.

습관 형성을 위해서는 최소 21일 정도는 반복하도록 도움을 주어야 한다. 그리고 아이가 잘했을 경우, 무한 칭찬과 격려는 필수다. 처음 시작할 때 사진이나 영상을 찍어두면 좋은 추억 거리가 된다. 또 침대 옆에 스티커판을 마련하여 스티커를 붙이거나 스스로 점검할 수 있는 장치를 마련해 둔다면, 아이는 힘든 줄도 모르고 재미있게 이부자리 개기 습관 훈련을 할 수 있다. 초등 3학년부터 내 삶의 소중함을 느끼고 하루를 충실히 살아가는 법을 터득할 수 있을 것이다. 이불 개기라는 작은 행동을 통해 매일의 성공감을 경험할 수도 있으니 일거양득이다.

***

최근 교육계에서 빈번하게 화두로 올리는 것 중 하나가 자기주도 학습이다. 자기주도 학습이 중요한 것은 알지만 결코 한 번에 이루어지지 않는다. 자기주도 생활습관이 탄탄해야 비로소 자기주도 학습도 가능하다. 학습 이전에 생활습관이 우선이다. 생활습관이 잡히면 학습은 자연스럽게 따라온다.

학부모 상담을 하다 보면 학습에만 혈안이 되어있는 경우를 많이 접한다. 그러나 무엇을 담기 위해서는 도야(陶冶)라는 그릇 빚는 과정이 꼭 필요하다. 초등 3학년은 나만의 멋진 그릇을 만들기에 좋은 때이다. '무엇을 담을 것인가'를 고민하기에 앞서 담을 수 있는 그릇을, 좋은 습관 형성을 통해 튼튼하게 만들어가는 것이 우선이다.

3

말, 말투, 감정조절

짜증을 거침없이 표출하는 아이들

아이나 어른이나 무엇을 배우거나 또 누군가와 관계를 맺을 때 가장 기본적인 행위는 듣고 말하는 것이다. 하루 생활의 대부분을 차지하는 것도 듣고 말하기이다. 그런 만큼 듣는 것과 말하는 것은 중요하고, 이런 이유로 '고운 말 쓰기'는 교사라면 누구나 지도하고 있다.

최근 나는 '고운 말 쓰기'에 그치지 않고 '고운 말투'에 초점을 두고 지도하고 있다. 말투에 관심을 두게 된 이유는, 상대를 기분 나쁘게 하는 말투 때문에 싸움이 시작되어 티격태격하다가 몸싸움, 더 크게는 학교폭력으로 번지는 것을 여러 번 보았기 때문이다. 초등 3학년이면 고작 열 살인데, 어느 때는 말투 때문에 목덜미를 부여잡을 만큼 난감한 상황도 발생한다. 아무리 좋은 말도 짜증 섞이고 신경질적인 말투로 이야기한다면 들어줄 사람이 없다. 사랑하는 가족에게조차도 외면당하기 쉽다.

그런데 이런 짜증 나는 말투를 교사인 나에게도 스스럼없이 사용하는 아이들이 점차 늘어나고 있다.

'이 아이들을 어떻게 지도해야 하나! 이건 아닌데….'

아이들에게 고운 말과 고운 말투를 사용하는 커뮤니케이션 교육이 절실하다.

처지 바꿔보기

내가 3학년 아이들을 지도하는 방법의 하나는 바로 처지 바꿔보기이다. 서로의 역할을 바꾸어 역할 놀이를 해보거나, 잠시라도 상대방의 입장이 되어보는 대화를 나누게 하면, 따로 긴 설명을 하지 않아도 쉽게 해결되는 경우가 있다.

첫 단계는 아이들과 열린 토론 형식으로 질문을 던지고 자기 생각이나 경험을 이야기하며 문제를 풀어간다. 나의 경험을 뒤돌아보며 처지 바꿔 생각하기를 해볼 수 있는 질문을 던지며 서로 이야기를 주고받는다. 질문을 통해 충분히 생각한 다음, 문제 상황을 모둠별 역할극으로 만들어 직접 활동하면 느끼는 바가 더 많아진다.

'고운 말투로 말해요!'는 인성교육이기 전에 세상과 소통하는 방법론을 가르치는 것이다. 점점 학년이 올라가고 나와 다른 수많은 사람을 만날 것이다. 그리고 내가 원하는 것, 바라는 것도 더 많아질 것이다. 결국 원활한 소통이란, 내 생각을, 내 바람을 무리 없이 전달하고 얻어내는 것이다.

"말과 소통은 내 생각을 전달하는 것인데, 듣는 사람이 감동해야 충분하게 전달할 수 있다. 다른 사람이 감동하여 기분 좋게 내가 원하는 것을 줄 수 있게 하는 것이 소통이다. 그렇게 하기 위해서는 어떻게 해야 할까? 화난 말투, 신경질적인 말투로 내가 원하는 것을 얻어낼 수 있을까?"

이런 선생님의 질문에 "화만 날 것 같아요. 오히려 싸움이 일어날 것 같아요." 등등 다양한 예상 답변이 나온다.

"맞아요. 예를 들어 뒤에 앉은 친구가 너무 책상을 앞으로 자꾸 밀어서 내 자리가 좁아졌을 때, "뒤로 좀 가!!"라고 신경질적으로 말하는 친구랑, "미안한데 조금만 뒤로 가줄래? 내 자리가 너무 좁아서 일어날 때 힘들어."라며 고운 말투로 부드럽게 말하는 친구가 있다면, 여러분은 누구의 말을 더 잘 들을 것 같아요?"라고 물었더니, 알아들었다는 듯, 고개를 끄덕이는 친구들이 많았다.

아직은 자기중심적인 성향을 지닌 초등 3학년, 그러나 아이들의 눈높이에 맞게 조곤조곤 설명해 주고, 역할극 같은 활동을 하면 말투의 중요성을 충분히 이해할 수 있다. 주변 친구들 및 교사와 긍정적인 관계를 맺는 것은 성공적인 학교생활을 이끌어가는 첫 번째 요인이다. 아이들도 어른들도 관계 속에서 많은 일이 벌어진다. 이런 관계를 좀 더 부드럽게 또 원만하게 이끌어 가기 위해서는 고운 말투를 습관화해야 한다.

부모와 함께 가정에서 실천해 볼 수 있는 몇 가지 방법을 소개한다.

첫째, 비폭력 대화를 한다.

비폭력 대화를 위해서는 내 아이의 이차적 감정을 제대로 읽는 것이 필요하다.

"엄마는 요즘 바쁘기만 하지? 나에게 관심이나 있어? 엄마가 나한테 해준 게 뭐야?"라며 화를 낸다고 해보자! 이럴 때 아이의 말에 화가 나서 "버릇없이 엄마에게 무슨 말이니? 내가 왜 너한테 해준 게 없니?"라며 아이의 이차적 감정에 맞서기보다는, 이차적 감정을 일으킨 아이의 일차적 감정을 찾는 것이 먼저다. 아이는 분명 엄마에게 더 사랑받고 싶은 마음, 바쁜 엄마로 인한 외로움을 느끼고 있다.

"요즘 엄마가 바빠서 우리 00이가 외로웠구나. 엄마랑 더 시간도 보내고 싶고 엄마에게 더 사랑받고 싶었구나!" 이렇게 아이의 마음을 읽어 주기만 해도 아이의 화, 분노는 금방 누그러진다.

▷ 비폭력 대화란 무엇인가

비폭력 대화란 '일상에서 평화와 공감의 언어, 삶의 언어로 대화하는 것'이다. 비폭력대화센터(CNVC) 설립자인 마셜 로젠버그는 자신의 책 《비폭력 대화》에서 "나의 말과 행동을 일으키는 욕구, 생각, 감정에 귀를 기울이라"고 조언한다.

즉 우리가 무엇인가 부정적인 말과 행동을 할 경우, 그 말과 행동을 하게 하는 일차적 감정이 있다는 것이다. 그 일차적 감정을 빨리 알아내고 인식한다면 말과 행동을 좀 더 긍정적으로 표현할 수 있다고 한다.

예를 들면, 아이가 뛰다가 넘어졌을 때, 엄마는 '놀람과 걱정'으로 '화를 내며 혼을 내는 경우'를 보자. 이때 '엄마의 화'는 이차적 감정이며, 이 이차적 감정을 유발하는 일차적 감정을 '내가 왜 화가 났지', '내 진짜 일차적 감정은 무엇이지' 등의 질문을 하며 빨리 찾아내야 한다는 것이다.

이때의 일차적 감정은 '아이가 다쳐서 속상함', '아이가 아플까 봐 걱정됨', 즉 '아이의 안전에 대한 욕구와 기대'라는 것을 알 수 있다. 그렇다면 이 상황에서 내가 아이에게 화내고 혼내는 것이 좋은 방법이 아님을 알아차리고 적절한 대응을 할 수 있다는 것이다.

둘째, 역할 놀이를 하며 상대방의 마음을 헤아려보게 한다.

고운 말, 고운 말투 지도에 있어 중요한 것은 내 기준이 아닌, 상대방의 처지에서 생각해 보게 하는 것이다. 역할 놀이는 효율적인 방법이다. 이 활동은 내가 쓰는 말, 나의 말투를 상대방의 처지에서 뒤돌아보게 하고 조심하게 한다.

셋째, 책, 영상, 공연 등 다양한 간접 체험을 해보게 한다.

고운 말, 고운 태도 관련 책을 읽고 가족끼리 토론을 하는 방법도 있다. 또한 고운 말이 우리 뇌에 미치는 영향 등 관련 영상을 가족이 같이 보고 이야기를 나누는 것도 좋다. 그 밖에도 관련 공연을 보는 등 다양한 간접 체험을 통해 머리로만 생각하지 않고 몸으로도 익혀보는 기회를 얻게 한다.

* * *

가정에서도 부모는 물론이고 온 가족이 고운 말과 고운 말투로 말하는 훈련을 한다면 아이는 어려서부터 자신의 감정을 스스로 알아채고 조절하는 법을 익힐 수 있다.

4

3학년은
경제교육이 적기이다

요즘 아이들에게 대세라는 '포켓몬 빵' 열풍이 우리 집에도 불었다. 7살 우리 막내는 친구들이 자랑하는 띠부실(띠었다 붙었다 하는 스티커)을 보고는 집에 와서 졸라댄다. 필자는 유행이나 추세에 다소 둔감한 편이다. 그런데 막내가 그렇게 소원하는 일이니, 어느새 나도 '포켓몬 빵'을 찾아서 동네 마트 이곳저곳을 전전하게 되었다. 그런데 가는 곳마다 품절이다.

"지금 시간에 돌아다니면 절대 못 사요!"

"네?"

"새벽마다 이 빵 사려고 가게 문을 열기도 전부터 엄마들이 줄을 서요. 그렇게 해도 하나밖에 못 사요."

'와, 요즘 젊은 엄마들 정말 대단하다. 아이를 위해 새벽부터 줄을 서서 빵을 산다니.'

그날 이후 아이의 포켓몬 빵 집착은 갈수록 더해졌다. 워킹맘인 나는 새벽부터 절대 줄을 설 수 없기에 다른 방법을 택했다. 온라인 쇼핑몰을 뒤졌다. 몇 가지 물건이 나왔다. 그런데 내가 직접 줄을 서서 사지 않는 대가는 비쌌다. 대략 1,500원~2,000원대인 빵 한 개의 값이 4,000원으로 부풀어 있었다. 그리고 적어도 다섯 개는 묶음으로 사야 했다. 잠깐 고민하다가 '그래 이거 못 사줘, 아이가 저토록 원하는데. 2만 원쯤이야!' 하며 덜컥 결제하고 물건을 기다렸다.

아이는 신이 나서 벨 소리만 나도 문 앞으로 직행을 했다. 드디어 빵이 왔을 때, 아이는 세상을 다 가진 것처럼 좋아했다. 빵은 보통의 맛 이상도 이하도 아니었다. 다만 띠부실이 함께 포장되어 있었다. 아이는 다섯 개의 띠부실을 마치 보물이라도 되는 양 상자에 넣고 소중히 보관했다.

이렇게 '포켓몬 빵' 열풍이 일단락되는 듯 보였지만, 그게 끝이 아니었다. 아이는 만족하지 못하고 또 주문해 달라며 매일 떼를 썼다. 그제서야 아차 하며 깨달았다. '아, 원하는 것을 손에 쥐여 준다고 문제가 해결되는 것이 아니구나.' 아이에게 돈의 소중함과 돈을 어떻게 써야 하는지 경제교육이 필요함을 절실하게 느꼈다.

초3, 경제교육을 시작해야 하는 때이다

초등학교 3학년이 되면 돈에 대한 경제교육이 가능하다. 돈을 구별할 줄 알고, 돈의 개념도 어렴풋하게나마 알고 있기 때문이다. 어려서부터 그 연령대에 맞는 경제교육을 한다면, 경제에 대한 뚜렷한 관념과 돈에 대한 소중함을 알게 된다. 특히 초등학교 3학년은 경제교육의 적기이다.

최근 경제교육에 대한 관심이 커지고 있다. 하지만 학교 현장에서 경제교육은 여전히 우선순위 밖이다. 어려서 경제교육을 받지 못하면 어른이 되어서도 금융 문해력이 낮을 확률이 높을 수밖에 없다. 3학년이면 충분히 경제교육을 할 수 있다. 경제 개념을 확립할 수 있는 적절한 방법을 찾아 지도하는 것이 중요하다.

그런데 나를 포함한 부모 세대들은 어려서 경제교육을 받은 세대가 아니기 때문에 매우 생소하고 어렵게 느낀다.

경제교육의 원리를 몇 가지 소개하면 다음과 같다.

첫째, 돈에 대한 확실한 개념 심어주기

아이들은 사고 싶은 것이 생기면 부모에게 사달라고 한다. 만약 거절하면 바로 수긍하는 아이도 있지만 돈에 대한 개념이 없는 아이들은 생떼를 부리며 부모를 난감하게 만든다. 돈에 대한 소중함을 가르칠 때가 온 것이다. 돈은 그냥 주어지는 것이 아닌 노동의 대가임을

가르친다. 사고 싶은 것을 말하기 전에 그것이 정말 필요한 것인지를
한 번 더 고민해 볼 기회를 던져주어야 한다.

둘째, 용돈 기입장 쓰기는 경제교육의 첫걸음

풍요의 시대를 사는 아이들은 돈의 소중함을 모르기 쉽다. 돈의 소
중함을 알게 하는 가장 좋은 방법 중 하나는 용돈을 정기적으로 주고
지출을 용돈 기입장에 쓰게 하는 것이다. 1주 단위로 아이와 충분히
협의한 후 용돈을 주고 지출 내용을 용돈 기입장에 쓰게 한다. 용돈
기입장을 써보는 것은 단순히 지출의 기록이 아닌 경제교육의 첫걸
음이자 연장선이다.

셋째, 돈은 노동의 대가라는 것을 이해시키기

돈의 소중함은 백날 말로 들어도 이해할 수 없다. 돈을 써보고 직
접 벌어봐야 안다. 돈을 벌기는 이른 나이지만 다양한 활동으로 노동
의 대가를 경험할 수 있다. 예를 들면 자기 옷 정리하기, 양말 개기,
내가 먹은 것 정리하기 등 집안일을 하고 대가를 받으면 노동과 임금
의 개념을 알 수 있다. 지금 내가 먹고 자고 입는 것은 부모의 노동의
대가로 얻은 것임을 알게 해야 한다.

넷째, 돈 모으는 재미 붙여주기

아이들은 보통 용돈을 다 써버린다. 합리적 소비를 하여 용돈을 저

축하는 경험, 꼭 갖고 싶은 것을 사기 위해 용돈을 모으는 경험이 필요하다. 예컨대 매주 용돈에서 일정 금액을 돼지저금통에 저금하게 한다. 아이와 상의하여 6개월 정기적금, 1년 정기적금 등으로 기간을 정하고, 그 시점이 되었을 때 저금통의 돈을 전부 쏟아 보는 것이다. 아울러 소중하게 모은 돈을 바르게 쓰는 법 또한 가르쳐야 한다.

다섯째, 합리적인 소비를 할 수 있도록 도움주기

아이들은 광고나 선전에 현혹되기 쉽다. 친구가 신상품을 샀다면 나도 사고 싶어 한다. 그래서 '내가 사고자 하는 것이 정말 필요한 물건인가', '내가 가지고 있는 돈으로 살 수 있는 물건인가' 등을 생각하도록 교육하는 것이 중요하다.

또 할머니 할아버지 생신, 아빠 생신 등 특정한 날에 저금한 돈을 헐어 선물을 사보는 것도 소중한 경험이다. 이런 과정에서 돈을 어떻게 모으고 어떻게 써야 할지를 배울 수 있다.

＊＊＊

초등학생에게 가장 쉽게 할 수 있는 경제교육은 용돈 기입장 쓰기이다. 용돈은 1주 단위로 주는 것이 좋다. 다음 주 용돈을 주는 시점에 용돈 기입장도 점검한다. 1주 단위 기록이 습관이 되면 2주에 한 번, 한 달에 한 번 점검할 수 있다.

또한 아이가 원하는 것을 무조건 사주는 것은 절대 금물이다. 사고

자 하는 물건이 있다면 같이 검색하고 가격과 품질 등을 비교하는 과
정을 꼭 거쳐서 합리적인 소비를 경험해야 한다.

　우리 집에 큰 물건을 들일 때에도 가족회의를 통해 아이들의 의견
을 참고하고, 같이 가격과 품질을 비교하는 기회를 제공한다면 자연
스러운 경제교육이 된다.

▷ ＿＿＿＿＿＿＿＿ 의 용돈기입장

날짜	내용	수입	지출	남은 돈
이번주 총 지출액:		이번주 남은 돈:		

5

아침 루틴의 힘

필자는 아이 셋을 키우는 워킹맘이다. 갑자기 아이가 셋이 되었을 때, 삶의 많은 부분이 흔들렸다. 늘 시간이 부족했고, 허둥지둥하며 하루를 살았다.

퇴근하고 아이를 어린이집에서 찾고, 먹이고, 씻기고, 집안을 정리하고 나면 10시가 훌쩍 넘는다. 아이 재우고 잠시 숨 돌리면 12시가 금방이고, 침대에 누워 스마트폰을 만지작거리다 1시경이나 잠든다. 그러면 다음 날 아침은 어김없이 몸이 천근만근이다. '10분만 더, 10분만 더!'를 외치다 간신히 일어나 아이 아침은 대충 먹이고, 부랴부랴 아이 맡기고 직장으로 향한다. 아침은 거르기 일쑤다. 엄마 속도 모르고 늦장 부리는 아이에게 고래고래 소리 지르는 날도 쌓인다. 비라도 오는 날이면, 그날은 엉망진창이 된다.

이렇게 '생활이 만족스럽지 않다', '나는 불행하다.'라는 나쁜 에너지가 차곡차곡 쌓여만 가던 어느 날, 새벽 4시 30분에 일어나 하루를 시작하는 작가의 책과 유튜브 영상을 보게 되었다. 새벽에 일어나 차 한 잔을 마주하며 혼자만의 시간을 보낸다는 그의 이야기는 내 귀를 솔깃하게 만들고도 남았다.

'혼자만의 시간을 보낼 수 있다고?', '이런 방법이 있었구나!'

그때부터 필자의 미라클 모닝은 시작되었다. 2020년 11월 30일을 시작으로 현재까지 새벽 기상을 이어오고 있다. 생활이 예전보다 훨씬 여유로워졌고 특히 나만의 시간을 갖게 되어 행복했다. 여유 있게 아침을 준비하여 온 가족이 함께 아침 식사를 하게 되었고, 점점 습관이 되어 가족 모두가 새벽형 인간이 되었다.

우리 반 형석이는 공부도 제법 잘하고 스스럼없이 자기 생각을 친구들이나 교사에게 잘 표현하는 아이다. 그런데 준비물을 잘 챙겨오지 않는 경우가 잦고, 매일 꾸준히 실천해야 하는 것들에서는 들쑥날쑥 제멋대로인 아이이다. 우리 반 아이들은 1주일에 한 편 저널 쓰기를 하고 있는데, 형석이는 안 쓴 날이 쓴 날보다 더 많다. 기본 바탕은 아주 훌륭한 아이인데, 생활습관이 아직 자리 잡지 못한 것 같아 안타까웠다.

그러던 어느 날 형석이가 9시가 넘어가는데 등교하지 않는 것이다. 걱정스러운 마음으로 어머니에게 전화했다. 몇 번의 신호음이 울리고 가까스로 통화가 되었다.

"아! 선생님, 죄송합니다. 제가 알람 소리를 못 들어서 지금 일어났어요. 형석이 지금 바로 보내겠습니다."

"아, 네. 혹시 무슨 일이 생겼나 걱정했는데요. 별일은 없는 것 같아 다행입니다."

9시 20분경이 되니 아이가 저벅저벅 교실로 들어온다. 나는 아무 일 없었다는 듯이 "형석아! 어서 와." 한 마디만 던지고 수업을 이어 갔다. 그날 이후에도 이런 어이없는 일은 몇 번 더 반복되었다. 부모의 생활이 아이의 생활에도 고스란히 영향을 미친 것이다.

우리 반 아이들은 아침마다 수업 전까지 '10분 독서'를 한다. 8시 40분쯤에 등교하는 몇몇 아이들은 9시 수업 전까지 20분 독서를 매일 꾸준히 실천하는 셈이다. 대개 그런 아이들은 학교생활이 매우 안정적이고 준비물도 잘 챙겨오며 과제도 성실히 하는 친구들이다. 당연히 학업 성적도 우수하고 교우 관계도 원만하다. 여유 있게 학교에 왔기 때문에 편안하고 웃음 띤 얼굴로 교실에 들어온다.

다양한 사례들을 살펴볼 때, 아침에 일찍 일어나 시작하는 것은 아이들에게 좋은 습관임이 분명하다. 그러나 아이 혼자 아침에 일찍 일어나 하루를 시작한다는 것은 결코 쉬운 일이 아니다. 부모나 가족이 함께하면 이루어낼 확률이 훨씬 높아진다. 당장 아침 일찍 일어나기가 쉽지 않다면, 다음의 몇 가지 방법을 활용해 보면 좋겠다.

첫째, 낭비하는 저녁 시간이 없어야 한다.

저녁을 먹고 대충 뭐 하다 보면, 저녁 시간도 훌쩍 지나간다. 숙제 등 해야 할 일을 하지 못해 허둥대지 않도록 하는 것이 중요하다. 가능하면 가족이 함께 밥을 먹고 저녁상 뒷정리까지 한다. 그 후 거실이나 각자 정해진 곳에서 과제나 독서를 하며 저녁 시간이 낭비되지 않도록 한다.

둘째, 일찍 자야 한다.

아침 일찍 일어나려면 일찍 자야 한다. 이왕이면 정해진 시간에 온 가족이 불을 끄고 함께 잠자리에 드는 것이 좋지만, 그게 어렵다면 아이가 편하게 잠자리에 들 수 있는 환경을 만들어준다. 필자의 경우, 아이는 적어도 9시 30분 이전에 잠자리에 들게 하고, 나는 아무리 늦어도 10시 30분 안에는 잠을 잔다. 그리고 잠자리에는 절대 스마트폰을 두지 않는다.

셋째, 아침(새벽) 루틴을 만들어야 한다.

아침에 해야 할 일을 구체적이고 세분화하여 루틴으로 만드는 것이 필요하다. 알람이 울리면 무조건 일어나 책상 위 놓인 스마트폰 알람을 끈다. 그리고 바로 화장실로 가서 세수와 양치를 한다. 필자의 경우, 양치질하는 것이 매우 효과적이었다. 그리고는 나만의 시간을 즐기기 위한 차 한잔을 마주한다. 이것이 바로 필자의 아침 루틴이다.

　내 아이를 잘 관찰하여 아이가 자신에게 맞는 루틴을 만들 수 있도록 부모가 함께해 주어야 한다. 아침에 일어나면 엄마랑 안고 인사하기, 엄마랑 같이 이부자리 정리하기, 세수하고 양치하기, 가족이 모여 거실에서 20분 책 읽기, 아침 같이 먹기, 먹은 그릇 싱크대에 갖다 두기 등 부모의 루틴, 아이의 루틴이 비슷해진다면 아침 시간은 황금시간이 될 것이다.

* * *

아침 시간은 소중하다. 우리 가족의 아침 루틴을 만들어보자.

* 일어나서 바로 할 일: _____

* 밥 먹기 전 할 일: _____

* 밥 먹고 등교 전 할 일: _____

6

올바른 식습관은 나의 힘

올바른 식습관은 나의 힘이다

급식 시간이 되었다. 아이들은 순서대로 착착 음식을 받아 자기 자리에 앉는다. 민철이 순서가 되었다. "저는 나물 주지 마세요.", "김치도 조금만 주세요." 하고는 제 뜻대로 받은 급식 판을 들고 자리에 앉는다. 다른 아이들은 밥 먹기 바쁜데, 민철이는 옆 친구랑 떠들고 장난치기 바쁘다. 아이들은 밥을 다 먹어간다. 금세 점심시간도 지나간다.

민철이는 밥을 먹는 둥 마는 둥 하더니 오늘도 음식을 남긴다. 여러 번 주의를 줬는데도 그렇다. 또래에 비해 작고 왜소한 친구여서 더 걱정이 되었다. 어릴 적부터 올바른 식습관을 갖고 건강한 생활을 하는 것은 행복한 미래를 위한 준비이다. 올바른 식습관은 나의 힘이다.

급식 시간은 '밥 먹기'를 배우는 시간

초등학교의 급식 시간은 교육의 연장이다. 급식 시간은 엄연한 학교생활 일과 중 하나이고 '밥 먹기'를 배우는 시간이다. 그래서 담임교사는 아이들과 함께 식사하며 매일 급식 지도를 한다. 갓 입학한 1학년은 식판 잡는 법부터 시작해서 먹는 바른 자세, 올바른 숟가락, 젓가락 사용법을 배운다. 또 편식하지 않고 골고루 음식을 먹을 수 있도록 꾸준한 영양 지도를 한다.

학년이 올라가도 해마다 담임교사와 영양교사의 꾸준한 식습관 지도를 받는다. 그런데 참 재미있는 것은, 급식 시간의 태도와 공부 시간의 태도가 매우 밀접한 관련이 있다는 것이다. 예외도 있지만, 대개 음식을 가리지 않고 바른 자세로, 정해진 시간에 잘 먹는 아이들은 수업 시간에도 태도가 좋다. 그래서 식습관을 바로 잡기 위해 좋은 말로, 때로는 아이들이 좋아하는 간식 보상을 걸어가며 지도한다. 그러나 가정에서 기초적인 올바른 식습관 지도가 되어있지 않으면, 교사 혼자서 식습관을 지도하기는 쉽지 않다.

초등학교 3학년이면 급식 시간은 익숙해져 있다. 급식을 받고 어떻게 먹는지 방법을 다 알고 있다. 그리고 그동안 충분한 영양교육도 받아서 올바른 식습관이 왜 중요한지도 알고 있다. 다만 습관이 되어 있지 않아서 내 몸에 익숙하지 않을 뿐이다. 따라서 초등 3학년은 올바른 식습관을 지도할 수 있는 좋은 시기이다. 3학년이 지나 고학년이 될수록 학원 등 바쁜 일정에 밀려 식습관까지 지도할 여유가 없다. 올바른 식습관 지도를 위한 몇 가지 방법을 제안해 본다.

첫 번째, 아이에게 앞치마를 입혀라.
아이에게 앞치마를 건네며 요리를 제안해 보자. 특히 아이가 싫어하는 식재료를 이용해 요리를 계획해보는 것이다. 아이는 자신이 싫어하는 재료를 다듬고, 씻고, 잘라 보면서 싫어하는 재료와 친숙해지는 기회를 가질 수 있다. 초등 3학년이라면 어지간한 조리 도구도 사용할 수 있어서 충분히 가능하다. 물론 사용 전 안전 교육은 필수다. 자신이 싫어하는 음식이라도 직접 만들어 가족과 나눔으로써 만족감을 느끼고 자신도 먹을 수 있는 계기가 된다. 또한 요리를 직접 해보면 '내가 해냈다.'라는 자신감도 키울 수 있다.

두 번째, 아이가 싫어하는 음식 재료는 잘게 다지거나 썰어서 친숙하게

먹을 수 있도록 도와준다.

아이들이 편식하는 이유는 다양하지만, 식감이 별로여서 꺼리는 경우가 대부분이다. 거부감을 줄일 수 있도록 재료를 작게 썰어서 아이들이 좋아할 만한 음식을 만들어주면 좋다. 서서히 먹다 보면 그 음식의 본연을 맛을 알게 되고 차차 익숙해서 편식하는 습관을 잡을 수 있다.

세 번째, 올바른 식습관 관련 책을 함께 읽는다.

너 아직도 똥 못 샀지?		세상에서 가장 맛있는 밥	
왜 채소를 먹어야 해		자기주도적인 아이들을 위한 식습관	
급식 안 먹을래요		배추 벌레표 김치	
수상한 과자 가게		골고루 먹어야지	

갈수록 즉석 음식이나 배달 음식에 길 들려진 아이들이 많아지고 있다. 직접 식습관을 지도하기도 쉽지 않다. 이때 백날 듣는 부모의 잔소리보다 한 편의 동화가 더 효과적일 때도 있다. 올바른 식습관 관련 좋은 책들이 있으니 골라서 아이와 함께 읽어보자.

네 번째, 아침 식사를 꼭 하게 하라.

귀가 따갑도록 들었을 수도 있지만, 다시 한번 아침 식사의 중요성을 강조하고자 한다. 특히 성장기의 아이들에게 아침 식사는 건강의 척도이다.

〈아침 식사가 중요한 이유〉

1. 아침 식사는 뇌 기능을 향상해 원활한 학습을 돕는다.
2. 규칙적인 식사를 통해 우리 몸의 장기가 제 기능을 하는데, 아침을 거르면 과식을 하게 되어 몸에 무리가 가고 결국 위장 장애로 이어질 수 있다.
3. 불규칙한 식사 습관은 과체중이나 비만을 불러올 수 있다.

* * *

꼭 알아야 하는 것은 아이 혼자 식습관을 바꾸기는 어렵다는 것이다. 부모가 관심을 갖고 함께하는 것이 중요하다. 너무 어렵게 생각하지 말고 오늘, 아이가 싫어하는 채소 하나를 골라서 아이와 함께 앞치마를 두르고 요리해보자. 물론 시작은 어렵겠지만, 조금씩 바꿔 나가면 된다. 설령 실패해도 어쩌랴! 오늘 사랑하는 내 아이와 함께 요리한 추억 하나는 남길 수 있지 않은가!

7

운동이 뇌를
활성화시킨다

운동은 성적 향상에 매우 효과적이다

운동과 학습 결과가 밀접한 관련이 있다는 연구 결과가 많다. 스웨덴 연세핑 대학교의 연구(2009년~2019년, 10년에 걸친 연구 분석) 결과에 따르면 2분에서 1시간 사이의 유산소 운동을 하면 학습 능력과 기억력이 향상된다고 발표했다. 또 노스케롤라이나 대학교 연구팀은 30분 정도의 유산소 운동이 장기 기억력 향상에 좋은 영향을 준다는 것을 밝혀냈다.

운동은 뇌에 많은 혈액과 산소를 공급하여 뇌세포 전체에 영양을 활발히 공급한다. 운동은 또한 호르몬 분비를 촉진해 두뇌 세포의 성장을 원활하게 한다. 이처럼 운동은 뇌를 건강하게 하고, 성적 향상에 매우 효과적일 수밖에 없다.

그러나 우리나라 학생의 현실은 긍정적이지 못하다. 2020년 한국청소년정책연구원이 발표한 조사 결과에 의하면, 초·중·고 학생들의 한 주 평균 체육 시간은 약 2.64시간으로 세계보건기구에서 유·초·중·고 학생들에게 필요하다고 권장한 운동 시간인 하루 1시간, 일주일 7시간과 비교하면 절반에도 못 미치는 수준이다.

아이들의 몸은 비대해져만 간다. 영양 과잉에 학교와 학원 수업 등 앉아 있는 시간이 점점 많아지고 있고, 운동과 같은 활동량은 현저히 부족하기 때문이다. 공부는 장기전이다. 길게 보고 한 걸음, 한 걸음 발을 떼는 것이다. 그래서 건강한 몸과 체력은 매우 중요하다. 체력을 키우기 위해 꾸준한 운동이 필요하다.

성장기 아이에게 좋은 운동 3가지

그럼 어떤 운동을 선택해야 할까? 가장 중요한 것은 내 아이에게 맞는 운동을 고르는 것이다. 혼자 하는 운동도 있고, 여럿이 하는 운동도 있다. 아이가 좋아하는 운동을 선택하게 하면 좋다. 초등 방과 후 교실에서도 다양한 종목의 운동 수업이 있으니 눈여겨보는 것도 좋다.

선택의 기준이 다양하게 있겠지만, 일단 초등학교 3학년이면 성장기 아이들이다.

첫째, 성장, 즉 키 크기에 기준을 둔다면 줄넘기가 좋다.

초등학교에 입학하면 필수로 체육 시간에 줄넘기를 다룬다. 고학년이 되어도 체육 시간에 준비운동으로 가볍게 줄넘기를 한다. 어느 학년에서도 다루는 종목이 줄넘기다. 줄넘기 인증제를 시행하는 학교도 있어서 해당 학년에 적합한 실력을 갖추면 인증장도 받는다. 두 발을 모아 뛰는 모둠발 뛰기, 두 발을 엇갈려 뛰는 발 바꿔 뛰기, X자 뛰기, 2단 뛰기 등의 다양한 줄넘기 방식이 있다. 비용도 적게 들고 아이들 수준에서 어렵지 않아 쉽게 접근할 수 있는 운동이다.

초등학교 3학년인데도 아직 줄넘기에 서툴다면, 일단 줄을 들고 매일 나가라. 어느 날 아이가 줄을 넘는 날을 보게 될 것이다. 유튜브에는 줄넘기를 배울 수 있는 동영상이 넘쳐난다. 그중 하나를 골라 기본 동작을 익히고 매일 연습하면, 적어도 15일 안에 줄을 넘을 수 있게 된다. 우리 집 7살 막내도 이런 방법으로 줄넘기를 익혔다. 중요한 것은 매일 줄을 챙겨서 나가는 것이다.

둘째, 성장에 도움을 주면서 체력을 키울 수 있는 운동으로 배드민턴이

있다.

줄넘기로 기초 체력을 다졌다면 배드민턴을 권하고 싶다. 네트형 운동 중에서도 좁은 공간에서 빠르게 움직여야 하는 배드민턴은 민첩성과 순발력을 기르기 좋은 운동이다. 또한 게임을 하면서 상대를 배려하고 감정을 조절하는 능력도 키울 수 있다. 배드민턴은 방과후 교실 단골 종목이다. 큰돈 들이지 않고 배울 수 있다. 꼭 교육기관에 맡기지 않아도 된다. 인터넷에 관련 동영상이 많으니, 아이랑 함께 보고 연습하면 쉽게 배울 수 있다. 주말이나 휴일에 아이와 함께 배드민턴을 꾸준히 하면 아이의 운동 습관을 길러줄 수 있다.

셋째, 걷기와 달리기도 꾸준한 운동이 될 수 있다.

걷기와 달리기는 누구나 할 수 있고 어디서든 가능해서 가장 쉬운 운동이다. 아이들은 걷기보다는 차 타는 것에 익숙하다. 학교가 끝나면 이 학원, 저 학원 차로 이동하고, 엄마는 아이의 발이 되어 아이를 차에 태우고 이곳저곳 다니기 바쁘다. 그래서 아이들은 조금만 걸어도 힘들다고 표현한다. 한번은 학교 주변 숲으로 체험학습을 간 일이 있는데, 불과 300m 안팎의 거리를 걸으면서도 힘들다며 연신 투덜대는 아이도 있었다.

아이와 함께 걷는 시간을 정해두고 하는 것이 중요하다. 그리고 집 주변 산책로나 운동장과 같이 안전한 장소를 활용하자. 휴대폰에 만보기앱을 설치하여 본인의 걸음 수를 세어보게 하면 걷기 운동에 동기부여를 할 수도 있다. 달리기를 한다면 그날그날 초를 재어 기록으로 남겨 성취 욕구를 자극시킬 수도 있다.

그 외에 축구, 수영, 태권도, 검도 등 다양한 운동 종목이 있다. 부모가 직접 아이를 가르치고 같이 운동을 할 수 있다면, 그 어떤 방법보다 훌륭하다. 상황에 따라서 사교육의 도움을 받을 수도 있다.

***

어떤 운동이든 한번 선택했다면 적어도 3개월 이상은 꾸준히 실천해야 한다. 어떤 운동을 하든 분명히 위기가 오겠지만, 아이랑 적어도 3개월 이상은 해보자는 약속을 하고 또 꾸준히 지속할 수 있도록 동기를 부여해야 한다.

내 아이와 맞지 않는 운동이라면, 과감히 그만둬라.

마지막으로 부모와 같이 할 수 있는 운동이 있다면 시간을 정해두고 함께하는 것이 좋다.

8

성공노트 쓰기: 오늘 내가 잘한 일 기록하기

어린 시절부터 스스로 자존감을 키우고 자기 자신을 조절하고 통제할 수 있다면 얼마나 좋을까! 세상 모든 부모나 교사는 누구나 내 아이가, 내 학생이 그렇게 되기를 기대하고 소망한다. 결국 아이를 키우고 교육하는 최종 목적은 긍정적인 삶의 자세와 스스로 자기 삶을 만들어가는 자세를 가르치는 것이다.

긍정적인 삶의 자세를 지니기 위해서는 긍정적 경험, 즉 성공감을 자주 맛보는 경험이 필요하다. 아이가 일상생활 속에서 스스로 이뤄낸 결과에 따른 성공감을 자주 맛볼 수 있다면, 아이는 자신을 믿고 대견해 하며 '나는 할 수 있는 사람이다.'라는 긍정적 암시를 통해 자존감도 쌓아갈 수 있다.

오늘 내가 잘한 일을 기록하는 성공노트

그래서 내가 맡은 우리 반 아이들은 항상 성공노트를 쓴다. 성공노트에는 오늘 내가 잘한 일을 기록한다. 내가 오늘 이뤄낸 작은 성공을 매일 기록하고 눈으로 확인한다. 초등학교 3학년이면 충분히 나의 하루 생활을 뒤돌아보고 기록할 수 있다. 필자의 경험에 의하면 1학년도 가능했다. 한글 지도가 충분히 된 2학기부터 실시했더니 제법 잘 써 내려갔다.

초등학교 단계에서 긍정적 자기 암시는 매우 중요하다. 특히 저학년 시기에는 외부의 인식, 즉 친구나 선생님의 인정, 칭찬이 자기 암시에 큰 영향력을 발휘한다. 친구들 속에서 잘하는 아이, 착한 아이라는 인정은 아이의 자존감 형성 및 긍정적 자기 인식을 도울 수 있다. 그래서 초등 저학년 때에는 학교생활 적응에 더 많은 관심을 가져야 한다. 준비물 잘 챙기기, 숙제 성실하게 하기 등 기본생활습관 기르기에 더 많은 에너지를 쏟아야 한다.

누구나 다 준비되어 있어야 하는 상황에서 혼자만 갖추지 않았거나 미흡해서 교사로부터 주의를 듣고 친구들의 눈총을 받게 되는, 스스로 위축되는 상황이 생겨서는 안 된다. 현재 우리 아이가 기본적으로 갖추어야 할 것들에 소홀한 것은 없는지, 중요한 것들을 놓치고 있지는 않은지 늘 살펴야 한다. 또 친구들의 인정과 선생님의 칭찬을 통해 자아상을 만들어가는 시기에 부모나 교사는 섣불리 아이를 낙인찍거나 부정적인 피드백을 많이 하지 않도록 주의해야 한다.

작은 성공노트가 긍정적 자아상을 만들어간다

이처럼 외부의 인정은 아이의 자존감 키우기에 중요하다. 그러나 매번 외부의 인정에 기댈 수는 없다. 처음 시작은 외부의 칭찬이나 인정 등이 중요하지만 결국 완성은 내가 만들어가야 하기 때문이다.

그래서 고안한 것이 작은 성공노트 쓰기이다. 성공노트를 쓰면서 나 자신을 피드백하고 나를 칭찬하면서 '나는 참 괜찮은 아이구나!'를 느끼는 것이다. 이러한 과정을 통해 독립적이고 자기주도적인 생활을 시작할 수 있다. 이렇게 초등학교 시절부터 긍정적 자아상을 만들어가는 것은 엄청난 자산이 된다.

종종 수업이 끝날 무렵에 성공노트를 꺼내게 하여 잘한 일을 적게 한다. 점점 숙달되면 교사가 말하지 않아도 자투리 시간에 자신이 잘한 일을 쓰며 정리하는 아이들도 생겨난다.

기록은 더 나은 나를 만드는 훌륭한 도구이다. 초등시절에도 잘 훈련만 한다면 충분히 가능하다. 또 성공노트를 매일 기록한다는 것은 꾸준함을 키우는 좋은 도구가 된다. 수학 문제 하나를 더 풀고, 받아쓰기 100점을 맞는 것보다 더 가치 있는 것은 꾸준함을 익혀가는 것이다. 성공노트 쓰기는 고학년을 대비한 자기주도학습으로 가는 데 중요한 디딤돌이 될 것이다. 그래서 성공노트 쓰기는 작지만 큰 활동이다.

목표를 이루는 성공노트

성공노트 쓰기는 가정에서도 쉽게 해볼 수 있다. 먼저 무제공책이나 알림장을 준비한다. 필자는 알림장을 더 선호한다. 하루씩 기록하기가 쉽고 보기도 편하기 때문이다.

잠자리 들기 전에 내가 잘한 일을 3~5가지 찾아서 기록하게 한다. 매일 확인하고 미처 알지 못했던 잘한 일은 칭찬해 주고 격려해 주면 동기 부여가 된다. 일주일에 한 번 이상 검사하고 피드백을 한다. 어느 정도 성공노트 쓰기에 익숙해진다면, 한 주의 목표를 정하게 하고 목표 실천을 위해 내가 잘한 일을 찾아 쓰도록 하는 것도 좋은 방법이다.

▷ 목표를 이루는 성공노트

이번 주 목표: 수학 2단원 문제집 다 풀기

9월 13일 화요일

1. 수학 2단원 3~6쪽을 스스로 풀고 틀린 문제를 알게 되었다.
2. 아침 일찍 일어나서 10분 독서를 했다.
3. 학교에서 짝꿍인 OO에게 연필을 빌려주었다.
4. 국어 시간에 발표를 두 번이나 했다.

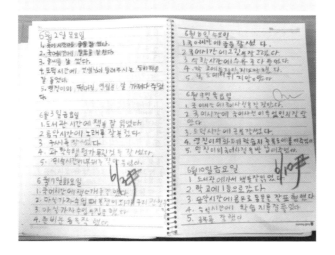

꾸준하게 기록한 성공노트는 버리지 말고 연결해서 묶어 사용하면 좋다. 그리고 꼭 처음 시작을 상기시킨다. 처음에 어떻게 기록했는지 그리고 일주일간 어떤 성공을 했는지, 한 달 동안 어떻게 성장했는지 등을 꼭 확인하게 하라.

그리고 짧게는 일주일에서 길게는 한 달 동안의 작은 성공에 대해 자신을 칭찬하게 한다. 이때 부모가 작은 보상을 주어 외적 동기를 충족시켜 주는 것도 좋다. 아이가 좋아하는 작은 선물 주기, 아이가 좋아하는 저녁 메뉴 고르기, 아이스크림 가게에 가서 아이가 원하는 아이스크림 사 먹기, 아이가 좋아하는 노래 같이 듣기 등 작고 사소하지만 긍정적 감정을 오래 기억하게 하는 이벤트를 만들어 주는 것이다. 좋은 기억은 아이를 도전하게 만들고 작은 성공을 이루어내는 힘이 된다.

*＊＊

우리가 기억해야 할 것은, 좋은 습관은 크고 거창한 행동이 아닌, 작고 사소한 행동의 꾸준한 반복으로 만들어진다는 것이다.

9

화이트보드에 준비물과 과제 기록하기

원활한 학교생활의 기본기, 준비물 챙기기

초등 3학년이 되면 과목 수도 많아지고 스스로 챙겨야 할 것들이 많아진다. 그리고 대개의 부모는 이젠 아이가 학교생활에 적응했다고 생각하여 점점 손을 뗀다. 아이의 홀로서기가 시작되는 것이다. 이 시점에서 꼭 챙겨야 하는 것은 '내 아이의 현재 상태'를 점검하는 것이다.

이미 스스로 하는 것이 몸에 밴 아이라면 문제가 없다. 그런데 아직 준비되지 않은 아이에게 무작정 "알아서 스스로 해 봐!"는 절대금물이다. 그런 아이에게 알아서 하라는 것은 아직 날 준비가 안 되어 있는데 가파른 절벽에서 내모는 것과 같이 아이 처지에서는 가혹할 뿐이다.

원활한 학교생활을 위해서 가장 먼저 해야 할 것은 과제물 준비와 교과서 등 학습 준비물 챙기기이다. 준비물이 없다면 일단 학습에서 내가 주인공이 될 수 없다. 금세 주의력이 흐트러지고 선생님에게, 또 친구들에게 아쉬운 소리를 해야 한다. 수업의 적극적 참여자가 아닌 소극적 참여자가 되어 소중한 한 시간을 그냥 흘려보내기 쉽다. 또 준비물을 놓치는 친구는 대개 정해져 있다. 오늘 안 가지고 오면, 내일 또 안 가지고 온다. 처음 시작은 준비물 한 개로 시작했지만, 점점 두고 오는 것들이 많아져 학교생활 많은 부분에 빨간불이 들어오기 시작한다.

"선생님, 배움 공책을 안 가져왔어요."
"그래? 그러면 오늘은 선생님이 주는 종이에 적어. 그리고 집에 가서 공책 꼭 찾아보고 오늘 적은 종이도 잘 붙여놔."
우리 반 해민이는 오늘도 배움 공책을 두고 왔다. 한 공책을 꾸준히 쓰지 못해 새롭게 만든 공책도 여러 권이다. 여기 찔끔, 저기 찔끔, 적당히 그날의 위기만 모면하려고 하는 것 같아 무척 안타깝다. "선생님, 저 오늘 리코더 놓고 왔어요. 엄마한테 전화해도 돼요?" 아침부터 호들갑인 해민이는 오늘도 준비물을 두고 와서 집으로 전화를 한다. "선생님, 오늘 수학익힘책을 두고 왔어요.", "선생님, 연필이 없어요." 이제는 '선생님' 소리만 들어도 무슨 말을 하려고 하는지 짐작할 수 있다.

반면 과제도 잘해 오고 준비물도 잘 챙겨오는 친구들이 있다. 어떤 아이의 알림장에는 V 표시가 되어있는데, 색깔 펜으로 V자를 써가며 준비물을 챙긴 것이다. 이 아이는 분명 작지만 자기주도학습을 향한 걸음을 한 발 한 발 떼고 있는 것이다. 지금은 그야말로 작은 스텝이지만, 이 작은 습관 하나로 훗날 자기 삶을 계획하고 준비하는 사람이 될 것이다.

'어떻게 하면 아이들이 스스로 알림장을 확인하며 준비물을 잘 챙겨올 수 있을까?'를 고민한 적이 있다. 고민 끝에 나는 준비물을 잘 챙겨오지 않는 친구에게 예쁜 스티커를 몇 장 주었다. 그리고 스스로 알림장을 하나씩 점검하면서 확인했다는 뜻으로 준비물 목록 옆에 아이가 좋아하는 동물 스티커를 붙여보라고 했다. 제법 효과가 있었다. 그리고 자초지종을 들은 부모님이 고마워하면서 아이의 준비물과 과제 챙기는 것에 관심을 가졌고, 아이는 그 후로 많이 달라졌다. 이처럼 집에서 부모가 조금만 관심을 가지고 도와준다면, 스스로 준비물 챙기기 습관을 들이는 것은 그리 어렵지 않다.

바삐 이 학원, 저 학원 옮겨가며 담을 것에만 관심을 두지 말고 잘 담고 더 많이 담기 위한 질긴 그물을 짜는 방법에 교사도 학부모도 관심을 둬야 한다. 스스로 알림장을 확인하고 준비물 챙기기와 같은 어쩌면 아주 사소하고 뻔한 것이지만 아직 우리 아이가 이런 습관이 없다면 하루빨리 길러주고 잘 자리 잡을 수 있도록 방법을 고안해야 한다. 4가지 실천 가능한 방법을 소개한다.

첫째, 알림장 확인하는 시간을 정하기

"준비물 잘 챙겼어? 알림장 확인도 잘했어?"라고 물어보면 잘 챙기지도 않고 건성으로 "네." 하고 대답하는 아이가 있다. 스스로 준비물 챙기는 습관이 안 되어있다면 말로만 묻고 넘어가서는 안 된다. 꼭 아이를 옆에 앉혀 두고 아이와 함께 꼼꼼하게 점검하고 준비하는 과정이 있어야 한다.

여기서 중요한 것은 저녁 식사 후에 알림장 확인하는 시간을 꼭 만들어 두어야 한다는 것이다. 잠자기 전에 알림장을 확인하는 것은 중요한 일을 가장 마지막에 하는 것과 같다. 자칫 잘못하면 중요한 과제나 준비물을 못 챙길 수도 있다. 또 잠자기 전에는 졸음이 밀려와 대충 하기 쉽다. 더 나아가 알림장을 확인하면서 책상 정리와 방 정리도 같이하는 습관을 길러주면 좋다.

둘째, 내 물건 챙기기의 중요성을 자주 일깨우기

하루 10분 아이와의 대화 시간을 꼭 만들어 두자. 이때 준비물 챙기기와 숙제는 부모의 것이 아니라 아이의 것이라는 것을 일깨워 주어야 한다. 준비물을 놓고 왔다며 부모에게 전화를 걸어 가져다 달라는 아이들이 종종 있는데, 어쩌다 한 번이 아니라 반복된다면 아이는 점점 부모에게 의존하게 된다. 대화를 자주 해 준비물, 과제 등 내 물건 챙기는 것의 중요성을 깨닫게 해주어야 한다.

셋째, 칭찬으로 준비물 챙기기의 동기 부여하기

준비물이나 숙제 챙기는 것을 대수롭지 않게 생각하며 습관적으로 귀찮아하고 안 하는 아이들이 있다. 이런 아이들은 공부나 숙제에 있어서 칭찬보다는 꾸지람, 혼난 경험이 더 많을 수 있다. 그래서 성취동기와 자존감이 낮다. 이런 아이에게는 칭찬을 자주 해주며 한 번이라도 잘하는 순간이 있다면 절대 놓쳐서는 안 된다. 폭풍 칭찬을 해가며 아이를 칭찬해야 스스로 챙기고 싶은 욕구도 생긴다. 아이가 스스로 꾸준히 실천하고 확인할 수 있도록 격려해 주는 것이 중요하다.

넷째, 화이트보드에 준비물과 과제 기록하기

화이트보드를 활용하면 좋다. 의외로 아이들은 칠판이나 화이트보드에 글자 쓰는 것을 매우 좋아한다. 학교에서 돌아오면 오늘 준비물은 무엇인지, 또 과제는 뭐가 있는지 알림장을 보며 화이트보드에 함께 기록한다. 그러고는 숙제는 언제 할 것인지, 준비물은 어디에 있는지 미리 체크한 후 하나씩 해나가며 줄을 그어 표시한다. 초반에는 부모와 아이가 함께하며 아이가 스스로 확인하며 챙기는 힘을 길러주는 것이 필요하다.

* * *

준비물이나 과제 등을 못 챙겨오는 아이들은 부모의 도움이 절실하다. 자기주도학습은 무조건 아이 혼자, 스스로 해내는 것이 아니다. 아이가 초등 3학년인데도 준비물과 과제 챙기기에 어려움이 있다면, 절대 그대로 두어서는 안 된다. 고학년이 되어도 여전히 헤맬 것이다. 아이가 숙제, 과제를 챙기는 것은 부모의 몫이 아닌 자신의 몫임을 빨리 깨달아야 한다. 아이가 스스로 확인하고 챙길 수 있도록 부모는 꾸준히 관심을 가지고 도와주어야 한다. 부모는 감독하고 혼내는 존재가 아니라, 격려하고 응원하는 존재여야 한다.

10

스마트폰의 올바른 사용법을 지도해야 한다

사줘도, 걱정! 안 사줘도 걱정!

'사줘도, 걱정! 안 사줘도 걱정!' 요즘 아이 키우는 엄마들 사이에 유행하는 말이다. 무엇을 두고 하는 말일까? 바로 스마트폰이다. 스마트폰은 없어서는 안 되는 필수품이 되었다. 스마트폰 없이는 생활이 불가능할 정도로 스마트폰 의존도가 갈수록 높아지고 있다. 일반 성인도 한 번 손에 쥐면 훌쩍 2~3시간은 기본이다. 자녀가 스마트폰을 최대한 멀리했으면 하는 마음이지만, 그건 마음뿐이다. 그래서 항간에는 "최대한 버틸 수 있을 때까지 버텨야 하고, 일단 사주면 게임은 끝!"이라며 씁쓸해한다.

반면, 아이들에게 스마트폰은 어떨까?

한번은 '무인도에 갈 때 가지고 갈 물건 3가지'를 주제로 글쓰기를 한 적이 있었는데, 절반 이상이 스마트폰을 챙긴다고 했다. 또 어린이날 갖고 싶은 물건 1위도, 생일날이나 크리스마스에 갖고 싶은 선물 1위도 스마트폰이 싹 쓸 정도이다. 또 어떤 아이는 '1주일 동안 내가 어른이 된다면 하고 싶은 일'을 주제로 한 글쓰기에서 "일단 내 맘대로 핸드폰을 사고 그다음에는 종일 원 없이 핸드폰을 하고 싶다."라고 썼다. '나에게 100만 원이 생긴다면 하고 싶은 일', '1주일간 나 혼자 산다면' 등 다양한 글쓰기 주제마다 매번 스마트폰이 등장한다. 이런 걸 보면 아이들 사이에서 스마트폰은 대세이고, 아이들이 스마트폰을 좋아하고 갖고 싶어 한다는 것을 너무나 잘 알 수 있다.

스마트폰의 올바른 사용법을 지도해야 한다

안 사주고 싶은 부모, 사고 싶은 아이들 양쪽의 의견이 팽팽하다. 어떻게 하면 좋을까?

분명한 것은, 초등학교 시절, 이 황금 같은 시간에 아이들이 스마트폰에만 빠져 산다면, 그것은 누가 보아도 잘못된 것이다. 그러나 그러한 상황이 무섭고 두려워서 무조건 막는 것도 문제다. 왜, 누구나 하지 못하게 하면 더욱 하고 싶은 것이 사람 심리 아닌가. 지나친 억제는 오히려 욕구 불만 및 차후 스마트폰을 갖게 되었을 때 과의존이라는 부작용을 낳을 수도 있다.

코로나19를 겪으며 아이들은 컴퓨터, 노트북, 태블릿 PC 등 다양한 미디어 기기를 더 많이 접하게 되었고, 또 이러한 기기들을 활용해서 공부도 하고 있다. 최근에는 학교 수업 현장에서도 태블릿 PC를 활용하여 다양한 수업을 진행한다. 그래서 스마트폰의 장단점을 정확히 교육하고 올바른 사용법 지도를 강화하는 방향으로 가야 한다. 물론 아직 스마트폰의 필요성을 느끼지 못하는 초등 저학년의 경우는 굳이 미리부터 스마트폰을 사줄 필요는 없다. 몇 가지 스마트폰 사용 방법을 안내하면 다음과 같다.

첫째, 반드시 스마트폰 사용 규칙을 정한다.

스마트폰을 사기 전에 반드시 아이와 충분한 대화를 하고 가족회의도 권한다. 하루 1시간 이상 스마트폰 사용은 금물이다. 최대 30분~1시간 정도를 기준으로 스마트폰을 하는 시간과 스마트폰을 하는 장소 등 구체적인 것들을 정하고 약속하는 것이 중요하다. 이때 스마트폰을 오래 하였을 경우 발생하는 문제점 등 관련 교육도 철저히 해야 한다. 〈핸드폰 사용 서약서〉를 작성하게 하여 문서로 남겨두고 아이 방이나 거실 등 잘 보이는 곳에 붙여두는 것도 방법이다.

둘째, 스마트폰은 어른과 함께 본다.

아이가 스마트폰을 할 때 부모도 같이 보거나 수시로 아이의 상황을 확인하는 것도 필요하다. 아이가 스마트폰 하는 시간을 부모의 휴식 시간으로 오해해서는 안 된다. 스마트폰 관리 앱을 활용하여 무분별한 사용을 제한하는 것도 좋다. 무료로 제공되는 스마트폰 관리 앱 서비스가 많다. 잘 알아보고 앱을 설치한 후 아이와 함께하며 제대로 작동되는지 확인한다.

셋째, 약속한 시간만큼 본다.

앞에서 이미 스마트폰 사용에 관한 규칙을 정하고 서약서까지 받아둘 것을 당부했다. 그런데 아이만 혼자 통제하는 것은 큰 의미가 없다. 예를 들어 9시 이후에는 '우리 가족 모두 스마트폰 사용하지 않기'같은 큰 원칙을 만드는 것이 필요하다. 모든 가족이 지켜야 그 원칙은 지켜진다. 부모가 지키면 그 원칙은 아이에게도 살아있는 원칙이 될 수 있다.

또 한 가지 중요한 것이 있다. 스마트폰을 하고 남는 시간을 잘 관리해 주어야 한다. 무슨 이야기냐 하면, 스마트폰을 하지 않는 시간도 스마트폰을 사용하는 시간만큼 아이가 '재미있다, 즐겁다'라는 것을 느낄 수 있어야 한다는 말이다.

아이의 눈높이에 맞추어 아이가 좋아하고 관심 있어 하는 보드게임이나 놀잇거리를 제공하고, 슬라임, 점토, 색종이 등을 활용한 놀이 활동도 좋다.

그런데 이것은 한계가 있다. 어느 순간 아이가 질려 하는 경우가 온다. 매번 새로운 보드게임과 놀잇감을 제공하기도 만만치 않을 것이다. 이 모든 것을 해결할 수 있는 것이 바로 독서다. 스마트폰에 대한 욕구를 독서로 채우는 것이다. 이때도 중요한 것은 아이 눈높이다. 엄마가 고르기보다는 아이 스스로 읽고 싶은 책을 고르게 하는 것이 중요하다.

내 아이가 책을 싫어하는 독서 초보라면 1~2학년 수준의 글 밥이 적은 책으로 시작할 것을 권하고 싶다. 또 다양한 초등학생용 잡지, 학습 만화 등도 좋은 읽을거리이다.

중요한 것은 스마트폰 하나를 통제했다면, 다른 선택의 폭 하나를 넓혀 주고 아이의 의사를 존중하는 것이 장기적으로 성공할 수 있는 비결이다.

넷째, 바른 자세로 본다.

아이들이 스마트폰을 하는 자세가 각양각색이다. 누워서도 보고 엎드려서도 보고 또 심지어는 길을 가면서도 본다. 핸드폰과 초 밀접하여 너무 가까이 보는 일도 있다. 그러다 보면 건강에 문제가 생길 수 있다. 바른 자세로 보도록 자주 주의를 환기하고, 스마트폰 거치대 등 보조기구를 사용해서 바른 자세로 보는 교육도 필요하다.

다섯째, 식사 시간에는 보지 않는다.

식사 시간에 스마트폰을 보지 않도록 주의해야 한다. 밥 먹는 것에 집중하도록 지도해야 한다. 성장기 아이들인 만큼 올바른 식습관 자세를 익히는 것이 중요하다.

마지막으로 공공장소에서는 큰 소리로 보지 않는 예절 교육이 필요하다. 공공장소에 큰 소리로 영상을 보는 행동은 누구에게나 눈살을 찌푸리게 한다. 공공장소에서의 올바른 시민 교육도 함께 한다면 아이의 스마트폰 사용 습관을 한층 더 슬기롭게 업그레이드할 수 있다.

・필수 생활습관 1・
인사는 모든 예절의 시작

인사 하나만 보아도 아이의 학교생활은 물론이고 전반적인 아이의 생활이 보인다. 다음은 인사 습관을 길러주기 위한 효과적인 방법이다.

① 부모가 인사하는 모습을 자주 보여준다.
② 역할 놀이를 통해 인사 연습을 한다.
③ 예절 관련 동화나 그림책을 활용한다.

인사와 학습은 절대 별개가 아니다. 인사를 잘하는 아이는 학습을 잘하는 아이일 확률이 높다. 인사는 제대로 배워야 하고, 배운 것을 실행하다 보면 자신감도 생긴다. 또 학교에서 친하지 않은 친구를 만나도 스스럼없이 다가가 먼저 인사할 수 있는 긍정적인 태도로 확장된다. 결과적으로 인사를 잘하는 아이는 학교생활에서도, 일상생활에서도 적극적인 아이가 되어간다.

일찍 자고 일찍 일어나기

일찍 자고 일찍 일어나기는 모든 습관의 기초이다. 아이 혼자서 실천하기는 어렵지만 온 가족이 함께한다면 아이도 힘을 얻는다. 다음의 방법을 기억하자.

① 낭비하는 저녁 시간이 없어야 한다.
② 일찍 자야 일찍 일어날 수 있다.
③ 아침 루틴을 만들어야 한다.

일찍 일어나기 위해서는 그 전날 저녁 시간의 밀도를 높이는 것이 가장 중요하다. 준비물과 과제를 미리 챙겨 늦은 시간에 허둥대는 일이 없어야 한다. 또 정해진 시간에 잠자리에 들고 일어나야 한다. 아침에 일어나 해야 할 일을 미리 정해둔다. 우리 가족에게 맞는 루틴을 지속적으로 실천한다.

일찍 자고 일찍 일어나기는 아이에게는 물론이고 가족 모두에게 삶의 큰 활력을 안겨줄 것이다. 아이는 하루의 시작을 성공감으로 가득 채울 수 있다.

과제와 준비물 스스로 챙기기

원활한 학교생활을 위해서 꼭 필요한 습관은 과제물과 준비물 스스로 챙기기이다. 스스로 알림장을 확인하고 준비물 챙기기는 반드시 갖추어야 생활습관이다. 아이가 아직 이런 습관이 없다면 하루빨리 길러주어야 한다. 다음의 4가지 실천 방법을 소개한다.

① 알림장 확인하는 시간을 정한다.
② 화이트보드에 준비물과 과제를 기록하게 한다.
③ 하나씩 실행한 후 완성한 것은 체크하게 한다.
④ 내 물건 챙기기의 중요성을 자주 일깨운다.

자기 주도적 학습은 무조건 아이 혼자, 스스로 해내는 것이 아니다. 아이가 스스로 확인하고 챙길 수 있도록 부모는 꾸준히 관심을 갖고 도와야 한다. 아이가 스스로 잘하는 순간을 포착하고 칭찬하여 지속적인 실천으로 이끌어야 한다.

초등 3학년은 습관 형성의 결정적 시기입니다

3장
___

습관 만들기 2단계 : 으뜸으로 챙겨야 할 독서습관

초3 문해력이 평생 공부습관을 만든다

4차 산업혁명의 시대가 도래하였다. 자연스럽게 100세 시대로 가는 문도 열렸다. 이러한 혁신적 변화에 대응하기 위해 우리 아이들에게 필요한 것은 무엇일까? 그것은 바로 끊임없이 배움을 실천하는 힘을 키워주는 것이다. 바로 평생 학습자를 길러내는 것일 게다. 평생 학습을 위한 가장 기본적인 학습 능력은 읽고 쓰는 능력, 바로 문해력이다.

초3 아이의 문해력을 키울 수 있는 방법은 무엇일까? 바로 책과 친해져서 밥 먹듯이 매일 책을 보는 습관을 길러주는 것이다. 더 나아가 읽은 책에 대한 독후감을 쓰는 등 내 생각을 자주 글로 써야 한다.

독서는 글쓰기와 자연스럽게 연결된다. 독서를 많이 한다면 글쓰기도 잘할 수 있다. 이렇듯 좋은 독서습관은 아이의 문해력을 높여줘 평생 학습자로 나아갈 수 있는 단단한 밑바탕을 마련해 줄 것이다. 다음의 질문을 통해 우리 아이의 독서습관을 점검해 보자.

* 하루에 최소 10분 이상 독서를 하고 있나요?

* 글쓰기를 자주 하나요?

* 큰 소리로 책을 읽나요?

* 독서 기록을 남겨두나요?

* 독서 노트가 있나요?

* 가족이 함께 책 읽는 시간이 있나요?

* 주말에 도서관을 자주 찾나요?

위의 질문을 참고하여 아이의 독서습관을 살펴보자. 아이가 책을 읽고 있다는 것에 안도하기보다는, 어떤 책을 읽고 있는지, 책을 읽은 후 정리는 어떻게 하고 있는지 등을 점검해 보아야 한다. 부모의 한 마디, 교사의 한 마디보다 아이의 성장에 결정적인 계기를 만들어 줄 수 있는 것이 책 속 한 문장이다.

이 장에서는 우리 아이의 독서습관을 점검해 보고 아이의 삶 속에 독서가 단단히 자리매김할 수 있도록 돕는 10가지 독서습관에 대해 살펴볼 것이다.

1

아침 10분 독서는
힘이 세다

3학년은 '생활습관'과 '독서습관'를 바로 잡을 최적의 시기

3학년 담임으로서 반 아이들에게 가장 주안점을 두고 지도하는 두 가지 습관이 있다. 그것은 바로 '생활습관'과 '독서습관'이다. '생활습관'과 '독서습관'은 25년 차 초등교사가 생각하는 초등학교 학생들에게 가르쳐야 할 가장 중요한 것이다. 특히 초등 3학년은 그 어떤 학년보다 이 두 가지를 바로 잡고 고학년을 준비하기 위한 최적의 시기이다. 생활습관과 독서습관이 해결되면 다른 모든 것이 해결된다 해도 과언이 아니다.

초등교육은 '무엇을 많이 담을까'보다는, '그 무엇을 담는 그릇을 만드는 과정'이다. 물고기 잡기에 비유하면, 물고기를 잡는 그물을 짜는 것이 교육이고, 좋은 습관을 만드는 것은 촘촘한 그물을 짜는 행위이다. 그물을 정교하게 짜면 짤수록, 훗날 물고기잡이에 유용할 것이다.

그런데 이 학원, 저 학원을 전전하며 올바른 습관 만들기와는 담을 쌓고 있는 아이들을 바라볼 때면 참으로 안타깝다. 이런 나의 마음을 아이들의 부모에게 속시원하게 말하고 싶지만 입바른 소리처럼 들릴까 봐 말을 꺼내기조차 어려운 세상이 되었다.

독서습관은 습관 중에서도 단연 으뜸으로 챙겨야 할 습관이다. 다른 습관들과 따로 분리하여 다루는 것은, 독서가 그만큼 중요하고 또 놓쳐서는 안 되기 때문이다.

5~6학년의 학습부진아들을 자세히 관찰하면, 대부분은 국어 부진으로 인해 발생하는 것을 알 수 있다. 문해력이 떨어지면 금세 수학과 다른 과목의 부진을 초래한다. 문해력이 떨어진다는 것은, 읽고 쓰는 능력이 부족하다는 것을 뜻한다. 결과적으로 학습 부진을 겪고 있는 아이들은 대부분 독서습관이 제대로 잡혀 있지 않았다.

최근 스마트폰 등의 디지털 매체에 과다 노출되어 '중독'과 '과의존'과 같은 어려움을 겪고 있는 초등학생들이 점점 늘어나고 있다. 독서 교육은 이러한 문제를 해결하는 실마리가 될 수 있다. 또 초등 고학년 및 그 이후의 학습을 대비에도 꼭 필요하다. 아울러 코로나 이후 논란이 된 여러 가지 심리, 정서적 문제를 해결할 수도 있다. 더 나아가 올바른 인성을 기르기 위해서도 독서 교육은 필요하다.

아침 10분 독서는 힘이 세다

우리 반은 아침 등교 후 수업 시작 전에 10분간 독서를 한다. 부지런한 친구들은 조금 더 일찍 등교해서 대략 20분간 독서를 하기도 한다. 지각하지 않고 등교한다면 10분 독서는 할 수 있다.

태진이는 지각이 잦아 아침 10분 독서를 빼먹는 날이 많다. 어쩌다 일찍 오는 날도 도통 책 읽기에는 관심이 없다. 태진이는 학습도 느리고 이해력도 부족하여 '기초학습 부진아 교실'에서 공부하고 있다. 수업 시간에 종종 질문하면 엉뚱한 대답을 한다. 또 문제를 풀 때면, 문제의 뜻을 이해하지 못해 시작도 하지 못한다. 어휘력도 부족해 전반적으로 읽고 쓰기에 많은 어려움을 겪고 있다. 그래서 '어떻게 이 아이를 도울 수 있을까?', '독서를 싫어하는 태진이에게 어떻게 독서의 참맛을 알게 할까?'를 고민하기 시작했다.

어느 날, 방과 후 수업에 가야 한다며 다른 아이들보다 늦게 주섬주섬 교실을 나서는 태진이를 붙잡았다. 기회였다. "태진아, 선생님이랑 도서관 가자."라며 아이 손을 잡아끌었다. 다행히도 아이는 내 손을 뿌리치지 않았다. 도서관에서 태진이의 흥미를 끌 만한 쉬운 그림책이나 글밥이 적은 책을 권했다. 다행히 아이 마음에 드는 책이 있었다. 바로 자리에 앉아 읽게 하였다. 더듬더듬 읽었지만 그래도 끝까지 읽었다. 아이의 표정이 밝아졌다.

"태진아, 선생님이랑 약속 하나 하자."

"등교나 하교할 때 매일 도서관에 들러 태진이가 읽고 싶은 그림책 1권씩 대출하고 아침 독서 시간에 그 책을 읽어보자."

책 읽기에 어려움이 많은 친구라 단박에 좋아지거나 크게 달라지지는 않았다. 그래도 그날 이후 적어도 아침 독서 시간에 멍하니 시계만 바라보는 일은 점점 줄어들었다.

첫째, 책 읽기에 흥미를 갖게 하는 것이 중요하다.

아이가 책에서 재미를 느낀 적이 있는지를 알아야 한다. 없다면, 독서의 재미를 느끼는 결정적 계기가 필요하다. 즉, 내 아이가 재미를 느낄 수 있는 책을 스스로 고를 수 있도록 도와주어야 한다. 초등 3학년인데도 독서습관이 제대로 배어 있지 않다면, 글밥이 적고 그림이 많은 1~2학년 그림책으로 시작할 수 있도록 이끌어야 한다. 도서관이나 서점에 가서 아이가 직접 책을 고르게 하는 것도 중요하다.

둘째, 꼭 동화책이어야 한다는 편견을 버려라.

10분도 독서에 집중하지 못하는 아이는 전반적으로 책 읽기에 관심이 없다. 재미를 느끼지 못하는 것이다. 재미를 느끼게 해줄 그 무언가가 필요하다. 이럴 때는 꼭 동화책만을 고집하지 말고, 초등학생용 잡지 등 다양한 종류의 책으로 시선을 넓혀보는 것이 필요하다. 아이가 평소 과학에 관심이 많다면 과학 잡지를 보게 하는 것도 방법이다. 잡지는 하나의 글로 이어져 있는 것이 아닌 섹션으로 나누어져 있고 아이들이 좋아할 만한 사진이나 그림도 실려있어서 쉽게 집중하지 못하는 아이들도 재미있게 읽을 수 있다.

셋째, 만화책도 책이다.

만화책만 읽는 것은 위험할 수 있다. 그래서 필자는 만화책 한 권을 고르면 꼭 동화책 한 권을 고르게 한다. 그러면 만화책은 좋은 유인책이 되어 자연스럽게 동화책도 읽게 된다. 물론 자기주도적으로 하는 독서가 중요하지만 습관이 잡히기 전에는 이런 방법도 나쁘지 않다. 요즘에는 다양한 분야의 학습 만화가 제법 많다. 자유롭게 읽게 해주고, 만화책을 한 권 읽었다면 동화책도 한 권 읽어야 한다는 것을 알려주어라. 즉, 동화책도 읽어야 만화책을 읽을 수 있다는 것을 약속하고 읽는 것이 중요하다.

넷째, 서점이나 도서관에 가라.

아이가 뭔가 보상을 받아야 할 때가 있다면, 장난감 등이 아닌 책으로 주어 보자. 또 세뱃돈이나 용돈에서도 일부는 책을 살 수 있게 한다. 이때도 그냥 엄마가 알아서 인터넷 서점에서 사지 말고 아이들 손을 잡고 서점에 가라고 권하고 싶다. 서점에서 자유롭게 이 책, 저 책을 탐색하게 한다. 아이는 책뿐만이 아닌 구석구석마다 앉아서 책 읽는 사람도 보게 된다. 많은 사람이 책을 읽는 모습은 아이에게 자극이 될 수도 있다. 또한 일주일 중 하루는 고정적으로 도서관에 가는 것도 좋다. 이것을 루틴처럼 만들면 도서관이 친숙한 장소가 되고 책과 친해질 수 있는 계기가 된다.

다섯째, 부모가 책을 읽어라.

내 아이에게 가장 많은 영향력을 미치는 것은 선생님이 아닌 부모다. 평소 책을 읽지 않는 부모라면 이번 기회에 아이와 함께 책을 읽는 습관을 갖자. 부모의 책 읽는 모습은 아이에게 가장 좋은 동기 부여가 될 수 있다. 더 나아가 온 가족이 함께 책을 읽는다면 이보다 더 좋을 순 없다.

* * *

"가랑비에 옷 젖는 줄 모른다."라는 말이 있다. 책을 싫어하는 아이를 처음부터 독서의 바다에 빠트릴 수는 없다. 아이에게 맞는 방법으로 독서에 서서히 물들게 하는 것이다. 하루 10분부터 시작이다. 큰 욕심을 버리고 하루 10분 독서부터 시작해 보자. 그 10분도 힘들어한다면 앞서 언급한 다양한 방법을 참고하여 아이가 책에서 재미를 느낄 수 있도록 계기를 만드는 것이 중요하다. 그러나 그 무엇보다 효과적인 것은 단연코 책 읽는 부모의 모습을 보여주는 것이다. 아이는 부모의 등을 보며 자란다고 한다. 부모가 모범을 보일 때 아이도 움직인다는 것을 잊지 말자.

2

독서 전, 독서 중,
독서 후 활동

누구나 독서의 중요성을 알고 있다. 그리고 세상의 모든 부모가 내 아이가 책과 함께 크기를 간절히 소망한다. 독서를 습관화할 수 있다면 얼마나 좋을까? 어린 시절부터 책을 읽는 사람은 어른이 되어서도 손에서 책을 놓지 않는다. 즉, 어린 시절의 독서습관이 어른이 되어서도 책을 읽는 결정적인 단서가 된다는 것이다.

책 읽는 습관을 기를 수 있는 절호의 시기는 바로 초등학교 시절이다. 특히 초등 3학년이라면, 아직은 하교 시간이 늦지 않아 여유를 가지고 책을 접할 수 있다. 하교 후 학교 도서관이나 동네 도서관에서 책을 읽고 꾸준히 생각하는 아이는 책과 함께 성장할 수 있다.

읽기 전, 읽는 중, 읽은 후에 생각하는 연습이 필요하다

우리 반은 매주 금요일 1교시에 학교 도서관에서 책을 읽는다. 이 시간에 3학년 필독 도서를 읽기도 하고, 교과서에서 배운 내용과 관련된 책을 찾아보기도 한다. 그러다 보면 40분은 그냥 훌쩍 지나간다. 어떤 아이들은 차분히 앉아서 한 책을 본다. 또 어떤 아이들은 10분도 채 읽지 않았는데 엉덩이를 떼고 다른 책을 찾아서 돌아다닌다. 그렇게 두세 번을 왔다 갔다 하다 보면 금세 수업 끝나는 종이 울린다.

그래서 필자는 도서관 수업 규칙을 만들어 따르게 하고 있다.

도서관에 가면 읽은 책을 반납하게 하고 5분 정도 책 고르는 시간을 주고 2권쯤 골라두게 한다. 또 도서관에 가기 전에 미리 어떤 책을 읽을지 생각하게 하여, 책 고르는 시간을 줄여주려 신경 쓴다. 그리고 수업 시간 안에 책을 다 읽었다면, 그것으로 끝내지 않고 다시 읽어보게 하거나 느낀 점을 생각해 보게 한다. 아이들은 글자 하나하나를 읽는 것에만 집중하여 글자를 다 읽으면 책을 다 읽었다고 생각한다. 그러나 그것은 책을 다 읽은 것이 아니다. 책을 읽기 전, 읽는 중, 읽은 후에 생각하는 연습이 필요하다.

앞에서 독서에 흥미가 없는 아이들을 위한 몇 가지 접근 방법을 제시하였는데, 여기에서는 책을 좀 더 자세히 관찰하는 활동, 책 읽는

동안 생각하고, 책에 흥미를 느낄 수 있는 몇 가지 활동을 안내하고
자 한다.

첫째, 책 표지를 따라 그리게 한다.

동화책 표지에는 다양한
것들이 담겨 있다. 먼저 책
제목이 있고, 책 내용을 대
표하는 그림이 그려져 있
다. 또 책을 지은 사람, 그

림을 그린 사람이 누구인지도 알 수 있다. 책에 따라 작가를 글쓴이,
작가, 책을 쓴 사람, 책을 옮긴 사람 등으로 다양하게 표기하는데, 아
이에게 작가, 글쓴이가 무엇을 뜻하는지 설명해 주는 것이 좋다. 즉,
책의 기초 지식을 안내하는 것이다.

그런 다음 도화지나 줄이 없는 종합장 등에 책 표지를 그려보게 한
다. 아이들은 자연스럽게 책 표지를 관찰하고 기본적인 책의 구성도
알게 된다. 대개의 초3 아이는 따라 그리기를 어려워하지 않는다. 그
리기를 좋아하는 아이라면 재미있게 활동할 수 있다. 간혹 어려워하
는 아이도 있는데, 이때는 제목을 쓰고 자기가 그리고 싶은 부분을
골라서 그려보게 하는 것도 좋다. 참고로 대개의 동화책은 앞표지와
뒤표지를 맞붙여 펼쳤을 때 그림이 이어진다. 아이에게 책을 소개할
때 책을 펼쳐서 앞표지, 뒤표지를 연결하여 보여준다면 새로운 시각

으로 책을 접할 수 있다.

둘째, 책에 있는 그림을 자세히 보게 한다.

그림책은 글과 그림으로 이루어져 있다. 그래서 글만 읽게 해서는 안 된다. 장면 장면의 그림을 잘 살펴보는 것도 중요하다. 그림도 하나의 언어로 이야기를 전달하고 있기 때문이다. 아이들에게 책 속 그림에 있는 것들을 찾아보게 하면 어른들은 보기 어려운 책 귀퉁이에 있는 다양한 것들을 금방 찾아낸다. 글 읽는 재미도 있지만 그림을 보며 책 내용과 관련된 단서를 찾아가는 것도 흥미롭다. 더 나아가 그림 하나를 골라 그려보는 것도 재미있는 독서 활동이 될 수 있다. 이러한 활동이 익숙해지면 이야기 속 한 장면을 상상해서 그려보기 활동으로 연결할 수도 있다.

셋째, 책의 내용을 만화로 그려보게 한다.

책의 내용을 만화로 그려보는 것도 재미있는 활동이다. 기억나는 장면을 골라 4컷 만화로 표현해 보는 것이다. 점

차 익숙해지면 6컷, 8컷으로 늘려나갈 수 있다. 아이가 흥미 있어 한

다면 책의 줄거리를 만화로 그려보게 한다. 이런 활동을 통해 책 내용을 다시 한번 정리하고 스스로 생각해 볼 수 있게 된다.

넷째, 독서 일기를 쓰게 한다.

아이가 일기를 쓰고 있다면 책을 읽은 날은 독서 일기를 쓰게 한다. 독서 일기장을 따로 마련하는 것이 좋다. 줄거리 요약하기, 느낀 점과 알게 된 것 쓰기, 뒷이야기 상상하기 등 책 소개와 느낀 점 위주로 일기를 쓰면 된다. 독서 일기가 익숙해지면 독서 노트로 자연스럽게 넘어갈 수 있다.

다섯째, 주인공에게 편지 쓰기를 해보게 한다.

책을 읽고 난 후, 등장인물 중 한 명에게 편지를 쓰는 것도 재미있는 활동이다. 주인공이나 등장인물에게 하고 싶은 말이나 그 상황에서 왜 그렇게 행동했는지 등 궁금한 점을 쓸 수 있다. 또 어려움에 처해 있는 주인공에게 용기를 주는 말도 좋다. 이렇게 책 속 등장인물과 대화하는 활동은 독서를 풍부하게 해준다.

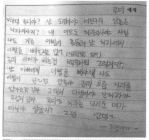

* * *

    아이들은 책을 읽고 나면 얼른 접어버리고 끝이라 생각한다. 이런 아이들에게 독서 전, 독서 중, 독서 후 활동을 통해 다양하게 느끼고 생각하게 하는 활동은 중요하다. 이런 활동이 쌓이면 깊이 있는 독서를 할 수 있다. 이때 비로소 아이들은 책과 함께 성장한다.

3

아이들은 글쓰기를
왜 어려워할까?

일주일에 한 번, 저널쓰기

매 학기 초가 되면 아이들 글쓰기 지도를 위한 준비를 한다. 3월에 쓰기 좋은 주제, 4월에 쓰기 좋은 주제를 선정해 놓는다. 이렇게 월별로 주제들을 선정해 놓는 까닭은 매번 "무엇을 써야 할지 모르겠어요?"라며 징징대는 아이들이 많기 때문이다. 그러면 아이들은 예시 주제에서 고르거나 자유 주제로 일주일마다 1편의 글을 쓴다. 최근 초등학교에서는 인권침해 요소가 있어서 일기 쓰기는 지도하지 않는다. 저널 쓰기 마저 없다면 글쓰기 활동이 없는 셈이다.

아이들의 글쓰기 수준은 천차만별이다. 10문장 이상을 술술 써 내려가는 아이들이 있는가 하면, 단 3문장도 어려워하고, 5문장은 엄두도 못 내는 아이들도 있다. 이런 아이들을 독려하고 달래가며 1학기 글쓰기 지도를 한다. 제법 놀랄만한 성과를 이룬 아이도 있고 여전히 5문장에 머무는 아이도 있다.

우리 반 아이들의 글쓰기를 한 번에 지도할 수 없어서 생각해낸 나만의 방법이 있다. 요일별로 나누어 검사하는 것이다. 우리 반은 총 25명, 5모둠으로 이루어져 있는데, 1모둠은 월요일, 2모둠은 화요일, 이런 식으로 나누어 검사한다. 그러면 부담이 적다. 아침에 아이들이 제출한 저널 공책을 하교 전까지 쉬는 시간 등 자투리 시간을 활용해 꼼꼼하게 살펴본다. 내가 아이들이 쓴 글의 독자가 되는 셈이다.

아이들의 글을 읽고 있노라면 땅콩을 하나하나 까먹는 재미랄까, 생각지도 못한 아이들의 신선하고 재미난 생각에 즐거워진다. 그리고 매주 아이들의 글을 보노라면 아이들의 글쓰기 실력이 향상되는 것이 눈에 보인다. 아이들이 쓴 저널에 4~5줄의 답글을 매일 적는다. 분명 쉽지 않은 일이지만 아이들과 나의 소통 공간이 될 수 있기에 정성을 다해 쓰고 있다. 때로는 나의 답글과 응원에 힘입어 어렵고 지겨운 글쓰기를 꾸준히 이어가고 있는 아이도 있으니 신경을 쓰지 않을 수 없다.

3학년 아이들에게 글을 쓴다는 것은 무엇일까?

3학년 아이들에게 글쓰기는 어렵고 지겨운 일일 것이다. 특히 가만히 있지 못하는 아이들에게는 더욱 못 할 노릇일 것이다. 그러나 아이들은 분명 글쓰기를 하면서 성장하고 자신을 돌아본다. 더 나아가 내 생각을 글로 표현하는 과정에서 나에 대해, 또 가족과 사회에 대해, 세상에 대해 알아간다. 또 무에서 유를 창조하는 글쓰기는 무엇인가 이루어냈다는 성공감도 맛보게 한다.

나는 초등 3학년 아이에게 심어주고 싶은 좋은 습관 넘버원을 뽑으라면 매일 매일 글쓰기라고 말하겠다. 글쓰기는 사고력 신장에 단연 으뜸이다. 또 남겨 놓은 글은 평생의 보물이 될 수 있다.

이렇게 중요한 글쓰기, 어떻게 지도하면 좋을까?

먼저 공책 쓰는 법부터 지도한다. 아직 줄 공책 사용법이 익숙하지 않기 때문이다.

맨 윗줄 오른쪽에는 글을 쓴 날짜를 쓴다. 줄을 바꿔 다음 줄 중앙에 제목을 쓴다. 한 줄 띄우고 글쓰기를 시작하도록 지도한다.

아주 기초적인 내용이지만 아이들은 하나씩 예를 들어 알려주지 않으면 모른다. 이렇게 실컷 설명해 주어도 공책 검사를 해보면 지키는 아이가 몇 명 없다. 그러면 직접 불러내어 다시 한번 알려준다.

초등 3학년이면 국어 시간에 문장, 문단의 개념을 배우는데, 문단의 처음 들여쓰기도 매우 중요하게 지도한다. 글의 형태를 갖추는 것은 기본이기 때문이다. 그 외 문단을 구분하는 것, 문단의 중심문장과 뒷받침문장을 살려 글을 쓰는 법까지 지도한다.

이렇게 기본적인 지도를 하면 일단 글쓰기에 돌입하게 한다. 이미 1~2학년의 학습을 통해 간단하게 글을 쓸 수 있기 때문이다.

아이들은 글쓰기를 왜 어려워할까?

그런데 매번 저널 노트를 제출하지 않는 아이들이 있다. 또 어떻게 써야 할지 모르겠고, 글쓰기가 정말 싫다고 하소연하는 아이들도 있다. 아이들이 글쓰기를 어려워하는 것은 당연하다. 글쓰기는 어른에게도 어려운 일이다. 셰익스피어도 "글쓰기가 내가 하는 일 중 가장 어렵다."라고 말했다고 한다.

그럼 글쓰기를 어려워하는 아이들은 어떻게 지도하면 좋을까? 가정에서도 해볼 수 있는 몇 가지 지도법을 소개한다. 먼저 아이들을 유형별로 나누어서 생각해 보자.

첫째, 글쓰기 자체를 두려워하는 경우

이런 아이들에게는 아이의 말을 어른이 받아 적어 주면서 글이 되는 과정을 보여주면 좋다. 아이랑 주고받은 말을 그대로 써 주는 것이다. 아이는 주고받은 말이 글이 되는 과정을 보면서 막연한 어려움과 걱정에서 조금은 벗어날 수 있다.

둘째, 생각은 많은데 무엇을 써야 할지 모르는 경우

글감에 대한 고민이 많은 아이다. 이때는 대화를 해보면 의외로 쉽게 글감이 찾아진다. 이런 아이에게 "오늘 무슨 일이 있었어?"라고 물어보면 아침부터 저녁까지 할 말이 많다. 다시 아이에게 "그중 하나를 사진으로 남기고 싶다면 어떤 일을 남기고 싶을까?"라고 질문을 한다. 그리고 아이가 어떤 장면을 선택했다면, 그 장면의 시작과 끝을 글로 쓰게 하는 것이다. 즉, 글감의 범위를 정해주는 것이다. "아, 원주는 하교하고 친구들이랑 놀이터에서 놀았던 것이 가장 좋았구나. 그러면 놀이터에서 놀았던 일을 써볼까?"라고 방법을 제시해 줄 수 있다.

셋째, 무엇을 써야 할지 생각이 없는 경우

우선 생각하는 시간을 주어야 한다. 의외로 아이들은 학원이다 뭐다 바빠 생각할 틈이 없다. 어른들이 생각할 시간을 좀처럼 주지 않는다. 이런 아이에게는 줄 공책보다는 종이를 주고 30분 정도 끄적끄적 하며 생각을 정리하게 해보자. 그림, 낙서 등 아이만의 스타일대로 자유롭게 표현하게 한다. 즉, 생각을 정리할 시간을 주는 것이다. 그리고 좋은 예시글을 보여주며 생각을 쓰게 한다. 이때 어른의 글이 아닌 아이의 글을 예시로 활용해 볼 수도 있다.

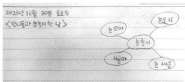

넷째, 글쓰기를 강요된 학습으로 배운 경우

글쓰기를 정답을 제시하는 활동으로 생각하는 아이들은 내가 정답을 쓰지 못할까 봐 두려워한다. 생각이 자유로울 때 좋은 글을 쓸 수 있다. 글쓰기에는 정답이 없다는 것을 알려주어야 한다.

또, 이런 아이들은 글을 길게 쓰지 못할까 봐 걱정이 많다. 이런 경우에는 좋은 글의 기준이 글의 길이가 아니라는 것, 짧은 글도 좋은 글이 될 수 있음을 보여주어야 한다. 길게 쓰는 것에 부담이 있으므로 우선 세 문장 쓰기 또는 세 줄 쓰기와 같이 적은 분량부터 시작하면 좋다. 익숙해지면 서서히 늘려간다.

다섯째, 글씨 쓰는 것 자체를 힘들어하고 싫어하는 경우

이런 아이들에게는 글씨 쓰는 법을 연습하게 한다. 읽은 책 중에서 마음에 드는 한 문장을 선택해서 옮겨 쓰게 하면 아이가 글씨 쓰는 것에 흥미를 느낄 수 있다. 서두르지 않고 천천히 쓰도록 이끄는 것이 좋다.

* * *

아이들이 글을 쓰기 어려워하는 이유는, 솔직하게 글을 써야 하는데 자꾸 지어내려 하기 때문이다. 솔직한 글 때문에 엄마에게 혼이 난 경험이 있어 솔직한 글을 쓰지 못 쓰는 아이도 있다. 솔직한 글을 써도 뒤탈이 없다는 것을 알려 주어야 한다.

위에서 여러 가지 방법을 안내했지만, 무엇보다 중요한 것은 '글을 쓰는 것은 즐거운 일'이라는 것을 맛보는 것이다. 부정적 피드백보다는 뭐라도 썼다면 아낌없이 격려하고 칭찬해 주어야 한다. 아이는 글을 못 쓰는 것이 아니라 습관이 안 되어있기 때문이다. 글 쓰는 것이 습관이 되려면 아이 글에 관심을 가지고 읽고 격려하는 독자가 있어야 한다. 바로 그 중요한 독자가 엄마라면 아이는 더욱 신나서 열심히 글을 쓸 것이다.

4

하루 3분,
큰 소리로 책 읽기

큰 소리로 책 읽기는 뇌를 깨우는 활동

좋은 행동을 습관으로 만들고 싶다면 어떻게 해야 할까? 여러 방법이 있겠지만, 단연코 1등은 그 행동을 여러 번, 꾸준히 반복하는 것이다. 그러나 그 행동이 어렵고 힘들다면 반복하는 것도, 꾸준히하는 것도 쉽지 않다. 그래서 습관으로 만들고 싶은 행동이 있다면처음에는 무조건 작고 단순하게 만들어야 한다. 예컨대 책 읽기를 습관화하려 한다면 책을 조금씩 매일 읽으면 된다.

그러나 책 읽는 습관이 전혀 안 되어 있거나, 책 읽기를 끔찍하게 싫어하는 아이에게 책을 읽으라는 것은 고통이다. 이런 아이에게는 채 10분도 1시간만큼 길게 느껴질 것이다.

그래서 생각해 낸 나만의 방법이 있다. 하루 3분 큰소리로 책을 읽게 하는 것이다. 3분이 길다면 1분부터 시작해도 아무 문제가 없다. 우리 반 아이들은 매일 10분 독서를 한다. 대략 8시 50분에서 9시까지이다. 그리고 9시 수업 시간 종이 울리면 아이들은 일제히 책을 세워 잡고 자기가 읽던 부분을 3분간 큰소리로 소리 내어 읽는다. 조금 전까지만 해도 대강 읽는 척만 했던 친구들도 분위기에 이끌려 큰 소리로 책을 읽는 모습이 보인다. 나는 아이들이 볼 수 있도록 교실 TV에 타이머를 띄워 놓는다.

나는 아이들에게 "얘들아, 3분 책 읽기는 잠자고 있는 너희들의 입과 귀, 뇌를 깨우는 활동이야."라고 거창하게 소개하곤 한다. 아침이면 잠에서 깨었다고 해도 여러 신체 기관은 여전히 잠들어 있다. 큰 소리로 책 읽는 활동은 뇌에 '자, 이제 공부할 거야.'라는 일종의 신호를 보내는 활동이다.

초등 저학년이라면 큰 소리로 책 읽기는 필수

초등 저학년이라면 큰 소리로 책 읽기는 필수다. 큰 소리로 책 읽기는 초등학교 저학년뿐만 아니라 고학년 그리고 어른이 되어서도 독서와 학습에 도움이 된다. 발표할 때 목소리가 유난히 작은 친구들이 있어서 이 방법으로 훈련을 시켜보니 확실히 목소리도 커지고 집중력도 좋아졌다.

큰 소리로 책을 읽는 것은 눈으로만 읽는 것에 비해, 뇌를 더 자극한다. 또 보고 말하고 들으며 읽기 때문에 훨씬 더 오랜 시간 기억할 수 있다. 또한 흉내 내는 말과 같이 말의 재미를 더해주는 단어를 직접 실감나게 표현해 보면서 목소리의 크기, 어조 등 느낌을 살려 글을 읽는 재미를 더 할 수 있다.

***

3분 큰 소리로 책 읽기 활동은 가정에서도 이어진다. 우리 반 아이들에게 3분 큰 소리로 책 읽기는 매일의 과제이다. 알림장에 3분 책을 읽었는지를 표시하게 하고 책 제목도 쓰게 한다. 강제성은 없지만, 제법 많은 친구가 이 과제를 매일 꾸준히 이어가고 있다. 그런 친구들은 과하다 싶을 만큼 칭찬한다. 지금 당장은 못 느낄 수도 있지만, 꾸준히 실천한 아이는 한 학년이 끝날 때쯤이면 나도 모르게 좋은 독서습관이 자리 잡고 있음을 알게 될 것이다.

5

독서 포트폴리오,
기록의 힘을 배운다

독서 포트폴리오는 자료 모으는 연습이다

'포트폴리오'는 '작품이나 관련 내용 등을 집약한 자료 수집 묶음'을 의미한다. 포트폴리오를 만드는 것이 중요한 이유는, 스스로 내가 주도하여 자료를 모으는 연습만으로도 자기주도학습의 큰 테두리가 갖춰지기 때문이다. 포트폴리오를 자기 손으로 관리하면서 모으는 재미, 누적시키는 재미를 느끼는 순간 그 아이는 독서도 학습도 성공할 수 있다.

독서 포트폴리오는 기본적인 책의 줄거리와 느낌, 교훈 등을 기록하는 데서 시작한다. 이런 기록이 쌓이면 아이 스스로 자신의 발자취를 돌아볼 수 있다.

독서 포트폴리오를 만들다 보면 '이 다음에는 뭐로 채울까?' 하는 생각을 할 수밖에 없다. 스스로 읽을 책을 찾게 되는 것이다. 독서 포트폴리오를 만들기 위해 수집, 구분 등을 하며 관리하다 보면 자신만의 독서습관도 쌓을 수 있다.

독서 포트폴리오를 관리할 줄 아는 아이는 학습 포트폴리오도 만들 수 있다. 학습 포트폴리오를 관리할 줄 아는 아이는 상급 학교에 올라가서 각종 프린트물, 시험지 등을 꼼꼼하게 관리를 하게 된다. 이것만 잘해도 학교생활 절반은 성공이라 말할 수 있을 정도로 굉장히 중요하다.

독서 포트폴리오 활동 방법

독서 포트폴리오는 초등학생 정도면 혼자서도 충분히 만들고 관리할 수 있다. 특히 학교에서 하는 독서 기록장 관리를 어려워하는 아이라면, 독서 포트폴리오 만드는 것을 먼저 권하고 싶다. 가장 손쉽게 접근하는 방법 한 가지를 소개하면 다음과 같다.

일단 아이와 손잡고 문구점에 가서 큰 파일, 종이 구멍 내는 펀치, A4 종이만 사면 당장 시작할 수 있다.

그리고 인터넷 온라인 서점에 들어가서 아이가 관심 있어 하는 책을 장바구니에 담는다. 그런 다음 책 표지를 캡처해서 출력하여 오린 후 A4 종이에 붙인다.

그리고 그 책을 왜 읽어보고 싶은지 한 줄로 적어보게 한다.

그다음 동네 도서관에 가서 책을 직접 대출한다. 책을 읽는 동기를 스스로 찾았고, 또 읽고 싶은 이유도 분명해졌기 때문에 아이는 즐겁게 책을 읽을 수 있다.

책을 읽는 중에 내가 좋아하는 문구 등을 포트폴리오에 적어보게 한다. 또 내 느낌이나 감상을 마인드맵이나 그림, 4컷 만화 등으로 자유롭게 표현하게 한다.

이때 내가 좋아하는 스티커도 붙여보고 색칠도 하는 활동을 추가한다면 아이는 자신의 독서 활동에 더 많은 흥미를 느낄 수 있다.

이같은 독서 포트폴리오 활동을 통해서 누가 시켜서 하는 것이 아닌 스스로 책을 읽는 자기주도적 독서습관을 기를 수 있다.

독서 포트폴리오를 너무 어렵게 생각하지 말자. 아이가 어릴 때부터 꼬물꼬물 작고 예쁜 손으로 했던 모든 독서 과정을 하나의 파일로 묶어서 보관한다는 개념으로 접근하면 쉽다. 독서 포트폴리오의 구성하는 3가지 원칙은 다음과 같다.

첫째, 아이가 흥미 있어 하는 책으로 시작한다.

아이가 책을 읽어야 포트폴리오에도 누적할 수 있다. 서서히 독서에 흥미가 생기고 포트폴리오 활동에 익숙해지면, 아이랑 3학년 권장도서 목록도 찾아보고, 주간, 월간, 연간 등으로 독서 계획을 세워보는 것도 좋다. 그런 다음 관련 자료를 포트폴리오 앞부분에 넣어주고 매번 확인할 수 있도록 한다면 다음에 읽을 책에 대한 고민 시간을 줄일 수 있다. 그 외에 내가 읽은 책 목록, 독서 기록 카드 등을 넣어두면 좋다.

둘째, 책의 기본 정보와 감상을 기록한다.

단순히 줄거리만 요약하기보다는 느낌과 생각을 함께 기록하는 것이 좋다. 양식에 구애받을 필요는 없지만, 앞에서 언급했던 독서 기록 카드에 책에 대한 기본 정보(제목, 저자, 출판사, 줄거리, 교훈 등)를 이왕이면 통일된 형태로 작성하면 좋다. 여기에 자신이 감동한 이유, 인상 깊었던 부분 등을 일기, 그림, 퀴즈 등 다양한 형식으로 기록하게 한다.

셋째, 아이만의 개성을 표현할 수 있게 한다.

포트폴리오에 자신의 이름을 쓰고, 포트폴리오 이름도 지어보게 한다. 예를 들어 '태하의 보물상자', '두형이의 독서 단지' 등 아이에게 스스로 지어보게 하면 기발한 이름들이 나온다. 파일에 이름을 짓는 활동은 단순하지만 아이에게 나만의 공간과 영역을 만들어가는 특별함을 주기도 한다. 여기에 스티커도 붙여보고 나만의 개성을 표현하게 하면 포트폴리오에 애착을 갖고 페이지를 더 추가하려는 욕구를 불러일으킬 수 있다.

끝으로 자기주도 독서 포트폴리오를 꾸밀 때 도움받을 수 있는 사이트를 하나 소개하고자 한다. '독서교육종합지원시스템'으로 이 사이트에 들어가 보면, 독서와 관련된 다양한 활동지 양식을 내려받을 수 있다. 또 우리 학교 도서관에 소장된 책 목록과 현재 대출이 가능한지도 금방 알 수 있다. 회원가입을 위해서는 DLS(Digital Library System) 아이디가 필요한데, 이것은 아이가 다니는 학교 도서관에 문의하면 된다. 이 사이트를 잘 활용하면, 온라인에서 독서 포트폴리오를 만들 수 있다. 학년이 올라가도 계속 누적되는 시스템이기 때문에 사용 방법을 익혀서 적극적으로 활용해 보는 것을 추천한다.

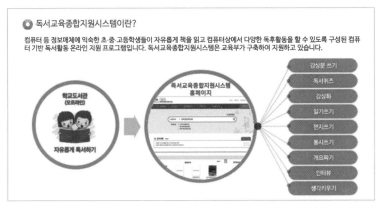

독서교육종합지원시스템 소개 화면

***

아이에게 독서 포트폴리오는 자신이 만들어낸 결과물이기 때문에 특별하다. 계속 꾸준히 누적하여 포트폴리오가 점점 두꺼워질 때 보람도 느낄 수 있다. 읽을 책을 찾고, 왜 읽고 싶은지를 글과 그림으로 나타내 보고, 읽으면서 내 생각을 정리하며 읽는다면 아이의 사고력은 저절로 성장할 것이다.

그리고 무엇보다 중요한 것은 바로 '기록의 힘'을 알게 되는 것이다. 책 한 권 읽고 느끼는 감정, 생각 같은 무형의 것들은 책을 덮는 것과 동시에 쉽게 사라질 수 있다. 그러나 이 소중한 것들을 기록으로 남겨둔다면 이것은 아이에게 엄청난 보물과 같은 자산이 될 수 있다. 그리고 이렇게 기록물을 남기고 누적하는 훈련이 바로 자기주도 학습력을 기르는 과정이다. 독서와 자기주도 학습이라는 두 마리 토끼를 잡을 수 있는 것인데 안 할 이유가 없다.

6

독서 초보라면
독서 노트

독서 노트란 '책을 읽은 후에 줄거리, 생각, 느낌 따위를 적어 두는 노트'를 말한다. 앞 장에서 안내한 독서 포트폴리오에 들어가는 자료 중 하나이다. 책을 읽고 기록으로 남겨두지 않는다면 금세 잊어버린다.

책의 마지막 장을 넘기는 것과 동시에 책을 덮고는 "엄마, 저 책 다 읽었어요."라고 말하는 아이들이 있다. 그런데 몇 가지 질문을 해보면 대답이 시원찮다. 주인공 이름도 헷갈려하는 일도 잦다. 책을 며칠에 걸쳐서 읽어 앞의 내용을 잊어버리는 일도 있다. 이렇게 집중하지 않고 대강대강 읽으면 깊이 있는 독서가 되기 어렵다.

그런데 책을 읽기 전, 책을 읽는 동안, 책을 읽고 나서 책에 대한 정보와 내 생각, 느낀 점 등을 기록하며 책을 읽는다면, 책의 내용도 오래 기억되고 깊이 있는 독서를 할 수 있다.

책을 읽고 자신이 느낀 점이나 생각한 것을 적는 독서 감상문은 독서 노트와 의미가 비슷하다고 할 수 있다. 하지만 한 편의 글로 완성되는 독서 감상문에 비해 독서 노트는 책 정보와 책에서 인상적인 부분을 간략하게 작성한다는 점이 다르다. 그러나 자신만의 독서 노트를 만든다면 감상문을 쓰는 것 못지않은 다양한 효과를 볼 수 있다. 몇 가지 독서 노트의 장점을 정리해 보면 다음과 같다.

첫째, 독서 노트는 쉽다.

독서 감상문은 어느 정도 쓰기 실력이 필요하여 익숙하지 않은 아이들에게는 어려울 수 있다. 하지만 독서 노트는 독서 초기 단계에서부터 작성할 수 있다.

독서 노트는 읽은 날짜와 제목, 저자를 적고 느낀 점을 간단히 기록한다. 읽고 난 후에 10점 기준에 몇 점인지, 다시 읽고 싶은지 등도 추가하면 좋다.

이렇게 꾸준히 기록하는 것만으로도 아이들은 읽은 책에 대해 다시 생각해 볼 수 있고 앞으로의 독서 방향을 계획해 볼 수 있다.

둘째, 독서 노트는 성취감을 느낄 수 있게 한다.

우리 반 아이들은 아침 10분 독서 후 독서 노트를 작성한다. 읽은 책에 대한 내 생각을 짧게 정리하는 것이어서 채 5분이 걸리지 않는다. 아이들이 부담 없이 독서 노트를 작성할 수 있다. 감상문 형식의 독서 기록장 제출을 늘 미루는 아이들도 독서 노트는 제법 기록하고 누적해 가는 모습을 보여준다. 아직 독서습관이 자리 잡지 않은 아이들도 독서 노트 기록을 통해 읽은 책이 쌓여간다는 것을 스스로 확인하며 작은 성취감을 느낄 수 있다.

셋째, 독서 노트는 독서습관의 유무와 달리 쉽게 시작할 수 있다.

한 편의 글로 작성해야 하는 독서 감상문과 달리 독서 노트는 간략하게 글을 쓸 수 있어서 독서 초보에게도 적합하다. 독서 노트를 쓰면 자기를 표현하는 능력이 늘고 글을 이해하는 능력을 키울 수 있다.

그러나 간단한 독서 노트조차도 어려워하는 아이들이 있다. 글쓰기 차체가 엄두가 나지 않는 것이다. 이때 독서 노트 기록을 단계별로 지도하면 좋다.

1단계, 책의 정보를 기록하게 한다.

책의 가장 기본적인 정보인 제목, 지은이, 출판사 등을 적게 한다. 이 정도는 혼자서도 쉽게 할 수 있다. 여기서 조금 더 나간다면, 책의 제목이나 표지를 보고 느낀 첫인상을 간단하게 쓰게 한다.

2단계, 책의 내용 중 마음에 드는 부분을 따라 써보게 한다.

기억에 남는 문구나 구절을 독서 노트에 옮겨 적는 것도 독서의 몰입감과 사고력 향상에 도움이 된다. 필사를 통해 자연스럽게 문장의 짜임이나, 문단의 구성 등 글쓰기의 기초를 익힐 수도 있다.

***

초등학생 독서 노트는 책의 정보를 중심으로 기록하고 마음에 드는 한 문장 써보기 등 독서기록장 이전 단계의 활동이다. 간단한 기록 활동을 통해 자기의 생각을 비교적 쉽게 정리할 수 있어서 초등 저학년 단계나 독서 초보 단계에서 활용할 수 있다. 이러한 활동을 통해 아이들은 그냥 책을 읽을 때보다 책의 내용을 다시 한번 생각해 볼 수 있고 또 오래 기억할 수 있다.

▷ 독서 노트에서 더 나아가기

독서 노트가 익숙해지면 다음의 심화 활동으로 독서 활동의 영역을 조금씩 확장해 볼 수 있다.

TIP 1. 다양한 방법으로 생각을 표현하게 한다.

독서 노트가 친숙해졌다면, 읽은 내용에 대한 제 생각을 추가하여 표현하는 것으로 나아간다. 글쓰기를 어려워하는 아이들에게는 마인드맵, 그림, 만화 등으로 표현할 수 있도록 지도한다.

TIP2. 책 내용을 요약하게 한다.

제 생각을 적었다면 이제 책의 내용을 기록해 보게 한다. 중심 내용 요약, 주인공에게 편지 쓰기, 책 내용 관련 질문 만들기 등 다양한 방법으로 할 수 있다.

TIP3. 짧은 서평을 써보게 한다.

읽은 책을 '친구에게 어떻게 소개하면 좋을까'를 생각해 보게 한다. 그런 후에 친구에게 추천하는 글을 써보게 한다. 추천 글쓰기를 어렵게 느낀다면, 가장 재미있게 읽은 부분을 바탕으로 왜 이 책을 읽어야 하는지 써보게 한다. 서평 쓰기는 독자를 고려해서 써야 해서 난이도가 높을 수 있다. 그 외에 주인공에게 응원하는 글쓰기, 등장인물 중 한 명에게 편지쓰기 등의 활동으로 응용해 볼 수도 있다.

7

AI를 활용한
독서습관 만들기

최근 AI의 급속한 발달로 인해 독서도 AI를 활용해서 할 수 있게 되었다. 특히 정부가 지원하는 독서교육지원 서비스가 점점 늘어나고 있다. 서비스마다 어떤 특징이 있는지 살펴보면 다음과 같다.

1) 학교에서 학급을 대상으로 운영하는 사이트 〈책열매〉

지난 2021년 교육부와 한국교육과정평가원은 AI 독서 지원 웹서비스 〈책열매〉(책으로 열리는 매일)를 전면 개통했다. 초등학교 3~6학년 학생과 교사의 '한 학기 한 권 읽기' 독서 단원을 지원하기 위한

웹 사이트이다. 본래 학급 단위로 운영하기 위해 만들어진 사이트라서 가입 대상은 교사이거나 만 14세 미만 학생만 가능하다.

〈책열매〉는 이용자의 취향에 맞는 독서 생활도 도와준다. 개별 독서 성향에 맞추어 도서를 실시간으로 추천해 주어 독서에 대한 재미를 느끼고 의미를 찾아가며 평생 독자로 스스로 성장할 기회를 제공한다.

주제에 따라 도서를 검색해 볼 수 있다. 주제는 가족, 학교, 인물, 인권, 수학과 컴퓨터 등 17개의 주제로 구성되어 있다. 그중 하나를 선택하면 회원가입 시 써넣은 학년에 맞춰 도서가 자동으로 추천된다. 책 내용이 궁금하면 책을 눌러서 미리보기나 소개를 볼 수 있다.

그리고 맘에 드는 책을 선택 후 내 서재에 담으면 내가 선택한 책을 한눈에 볼 수도 있다. 책을 읽고 난 후에 느낌을 다양한 방법으로 기록할 수도 있다. 한 줄 평을 쓸 수도 있고, 인상 깊은 책 속 문장을 남길 수도 있다. 등장인물이나 작가에게 편지 쓰기 활동도 할 수 있다.

그 외 〈책열매〉는 학생의 어휘 수준에 대한 진단을 바탕으로 '낱말 찾기 코너'와 같은 맞춤형 학습도 제공한다. 자신의 학년 수준에 맞는 어휘력을 갖추고 교과 학습을 위한 독해와 더 나은 독서 활동을 할 수 있도록 지원한다. 또 책을 읽다가 모르는 어휘는 바로 찾아볼 수 있다. 그리고 자신이 찾은 단어는 모아서 단어장처럼 기록할 수 있어 어휘력 향상에 도움이 된다.

▷ 한 학기 한 권 읽기

'한 학기 한 권 읽기'는 2015 개정 교육과정 때 국어과 교육과정에 들어왔다. 이전에 문학 작품은 교과서에 실린 쪽글을 읽는 것이 고작이었다. 그런데 어떤 주제에 대해 다양한 융합 학습을 하기 위해서는 한 권 전체를 다 읽는 것이 필요하다. 학교 현장은 이에 걸맞지 않았다.

그런데 '한 학기 한 권 읽기'가 들어오면서 이런 현실적인 어려움이 상당 부분 해소되었다. 책 한 권을 다 읽고 대화를 나누거나 토론을 하고, 주제를 탐구해 글을 쓰고, 피드백을 받는 활동을 학교 교실에서 할 수 있게 되었다.

국어 수업 시간에 직접 듣고, 말하고, 읽고, 쓰고, 감상하며 만드는 프로젝트 수업이 학교 현장에 뿌리내리기 시작했다. 아이들에게 책 한 권을 읽어보며 다양한 활동을 하는 경험은 소중하다. '한 학기 한 권 읽기'의 영향력은 컸다.

2) 독서교육종합지원시스템 〈e-북드림〉

코로나19로 인하여 학교가 문을 닫는 초유의 사태를 겪었다. 그로 인해 학교 도서관도 꽁꽁 문이 닫혔다. 공공도서관에 가서 책을 읽는 것도 불가능했다. 이렇게 오프라인은 빗장을 걸었지만 온라인은 그 어느 때보다 뜨거운 핫라인이 되었다. 아이들의 학습은 화상 강의를 통해 실시되었고, 전자 도서관이 대안으로 떠올랐다.

전자 도서관이란 스마트폰이나 컴퓨터 등의 전자 기기를 통해 책을 읽을 수 있는 곳을 말한다. 최근에는 미디어의 발달로 많은 전자 도서관이 생겨났고, 활발히 이용한다. 그중에서도 교육부에서 주관하는 〈e-북드림〉 전자 도서관을 소개한다.

〈e-북드림〉은 교육부와 교보문고, 롯데 장학기관에서 운영하는 전자 도서관이다. 코로나19로 인해 학교 도서관이나 공공도서관 이용이 어려운 학생과 교사를 위해 오픈하였다.

〈e-북드림〉은 독서종합교육시스템에 가입이 되어있는 사람이라면 간편한 가입을 통해 이용할 수 있다. 자세한 가입 방법은 e-북드림 홈페이지에 PC/모바일 버전으로 나누어 설명되어 있으니 참고하면 된다.

〈e-북드림〉에는 청소년 필독도서와 추천도서를 포함해 인문, 교양, 역사, 자기계발, 오디오북 등 다양한 분야 약 3만여 종의 도서가 갖춰져 있다. 일반 도서관이나 서점만큼이나 다양한 장르의 도서를 포함하고 있다. 그리고 전자책뿐만 아니라 오디오북도 함께 마련되어 있다. 오디오북은 눈이 편하고 생생하게 들을 수 있으며 혼자 책을 읽기 어려운 저학년 아이들도 사용할 수 있다.

▷ 오디오북 이렇게 활용해 보세요.

1. 오디오북을 들으면서 책을 눈으로 함께 읽는 연습을 한다면 저학년 아이들의 한글 교육 및 독서 교육에 도움이 됩니다.
2. 아이가 잠들기 전 책을 읽어 줄 수 없는 상황이라면 오디오북을 적절하게 활용해 보세요.
3. 오디오북에서는 모르는 어휘나 내용 등이 바로 지나가 버리기 때문에 엄마랑 다시 한번 읽어보고 모르는 어휘나 내용을 되짚어 보는 것이 좋아요.
4. 엄마가 다 읽어 주기에 너무 긴 책은 오디오북을 활용하는 것도 방법입니다.

8

가족과 함께하는
주말 15분 낭독

자녀 교육에 관심이 없는 부모는 없다. 세상 모든 부모는 자녀를 위해 무엇이든 하려고 노력한다. 요즘은 먹이고 입히는 것은 기본이고, 취학 전에도 아이의 재능 계발에 열중한다. 아이가 초등학교에 입학하면 이 학원, 저 학원 보내느라 바쁘다. 또, 초등 3학년만 넘으면 입시의 전선에 아이를 세우고 할 수 있는 모든 노력을 마다하지 않는다. 이처럼 자녀 교육에 온 정성을 다한다.

교사인 나도 피부로 체감하는 것이 있는데, 최근에는 열혈 엄마만이 아니 열혈 아빠도 많아지고 있다는 것이다. 이전보다 아빠도 자녀 교육에 적극 동참하는 사례가 훨씬 많아졌다. 얼마 전 2학기 학부모 상담에서도 아빠들의 참여가 늘어났다. 바쁜 엄마를 대신해 참석한 경우가 두 건, 아이 키우는 것에 관심이 많아 참석한 경우가 한 건, 부모가 함께 참석한 경우가 한 건 등이었다.

그중 채연이 아빠는 누가 봐도 딸 바보 같은 아빠로, 아이 교육에 관심이 많아 보였다. 학기 초에는 우리 반 대표로 급식 모니터링 위원으로 지원하기도 하였다.

이번 상담도 채연이 아빠가 참석했다. 대개의 아빠가 그렇듯 평일은 바빠서 주말에 아이랑 시간을 보내고 있다고 한다. 그런데 학년이 올라갈수록 아이와 함께하는 것이 어렵고 그로 인해 고민이 많다며 나에게 좋은 방법을 추천해 달라고 한다.

나는 잠시 생각하다가 가족 독서를 조심스럽게 권해 보았다. 마침 채연이는 독서보다는 움직임이 많은 활동을 좋아하고 즐기는 친구라서 더욱 이 방법을 추천하게 되었다.

"아버님, 일상이 매우 바쁘면 주말 15분 정도만이라도 시간을 내서 아이와 함께 책을 읽는 시간을 만들어 보세요."라며 다음의 몇 가지 가족과 함께하는 독서 방법을 안내해 드렸다.

가족과 함께하는 주말 15분 낭독

‖ 1단계: 일주일간 각자 있었던 일 나누기

평일에 가족이 얼굴을 마주하고 대화하기가 쉽지 않다. '가족과 함께하는 주말 15분 낭독'은 주말에 독서를 매개로 가족과의 대화를 늘리기에 좋은 방법이다. 낭독에 들어가기 전에 일주일간 있었던 일들을 돌아가면서 이야기하고 나누며 시작한다. 즐거웠던 일, 화났던 일, 슬펐던 일 등 자신의 일상을 이야기하면 된다. 이때 부모는 아이의 이야기를 충분히 듣고 공감해 준다.

‖ 2단계: 각자 책 소개 및 낭독하기

이번 주 내가 읽은 책을 가족에게 소개하는 단계이다. 책에서 가장 마음에 드는 부분을 골라 5분 이내로 낭독한다. 5분은 생각보다 긴 시간이다. 처음에 아이가 힘들어하면 1분부터 시작해도 좋다. 이렇게 가족이 돌아가며 15분 내외로 낭독의 시간을 갖는다.

‖ 3단계: 낭독 후 맛있는 다과 즐기기

아이에게 가족과 함께하는 독서 시간이 즐거운 시간이라는 기억을 주는 것이 중요하다. 가족 낭독 시간 후 아이가 좋아하는 간식을 먹거나 가족 외식 등으로 연결하면 좋다.

* * *

아이들이 스마트기기를 사용하는 시간이 점자 늘어나고 있다. 그러다 보니 읽고 쓰는 능력이 현저히 떨어지게 되었다. 내가 글을 읽어도 무슨 말인지 알지 못하는 문해력 결핍이 갈수록 심해지고 있다. 가정에서도 스마트기기에 노출되는 시간을 줄이기 위해 노력해야 한다. 가족이 모두 모여 '15분 낭독' 같은 책 읽는 문화를 만들어간 다면 아이의 독서습관 형성에 많은 도움을 줄 수 있다.

가족 독서 문화 만들기

‖ 1단계: 독서 마음 다지기

'가족 독서 문화 만들기'의 목표는 아이가 주기적으로 책을 구경하고, 그중에 흥미가 가는 책을 발견하고, 그 책을 읽는 독서 생활을 하도록 이끄는 것이다. 그래서 일단 왜 독서가 필요하고 중요한지를 알아야 한다. 독서의 중요성을 알리는 영상이나 아이들 눈높이에 맞는 다양한 자료를 선택해서 같이 보고 이야기 나누는 것을 추천한다.

‖ 2단계: 아이 스스로 책 고르기 연습

학교 도서관이나 공공도서관에 가서 스스로 책을 고르게 한다. 처음에는 혼자하기 어려우므로 한동안 도움이 필요하다. 예컨대 아이가 역사 분야의 책을 좋아한다면 관련 책들이 비치된 서가로 안내하여 책을 고르게 한다. 점차 도서관 활용법 등을 설명해주면 혼자서도 이용할 수 있다. 이렇게 스스로 책을 고르게 하면 읽고 싶은 책만 골라 읽는 경우가 많아진다. 이럴 때 아이가 읽고 싶어 하는 책 2권, 문학책 1권 등으로 큰 틀을 정해주면 좋다. 다양한 책을 경험하는 것이 중요하기 때문이다.

‖ 3단계: 아이와 독서 규칙 만들기

독서 마음을 다지고, 스스로 책도 골랐으니 이제 실행해야 한다. 아이들에게 구체적인 지침을 주는 단계이다. 그러나 부모가 일방적으로 정해준다면 아이는 금방 독서 흥미를 잃게 된다. 아이와 충분한 대화로 아이가 실패하지 않고 지킬 수 있는 독서 규칙을 정하는 것이 중요하다. 우리 집 아이와 함께 정한 독서 시간을 소개해 보면 다음과 같다.

"태우야. 책 읽는 시간을 언제로 정하고 싶어? 아침이 좋을까? 학교 끝나고 할까?" 일단 아이에게 물어야 한다.

"엄마, 오후에는 학원도 가야 하니까 아침이 좋을 것 같아요."

"그래? 그럼, 아침 시간 중 언제가 좋을까? 아침에는 학교 가기 바쁠 텐데."

아이와 나는 긴 대화 끝에 다음과 같이 결론을 내렸다. 바쁜 아침에 아이도 나도 잊지 않고 꼭 실행하려면, 그다음 연속 동작이 있어야 한다고 생각해서 아침밥 먹기 10분 전이 가장 좋다는 결론을 내렸다. 그래서 아이는 등교 준비를 다 하고 식탁에 책 한 권을 들고 온다. 아침밥은 매일 먹어야 하기에 아침 독서도 잊을 수 없다. 이 밖에 저녁 식사 후 30분 독서 등, 1일을 기준으로 아이가 지킬 수 있는 독서 규칙을 스스로 정하게 한다.

‖ 4단계: 가족 독서 시간 운영하기

가족이 모두 함께 모여서 책을 읽는 시간을 만드는 것이다. 아빠가 바쁘다면 엄마를 중심으로 시행해도 된다. 또 반대의 경우도 마찬가지이다. 아이에게는 책을 읽으라고 하면서 부모는 핸드폰만 보고 있다면 아이들은 금방 따지고 들 것이다.

"엄마는 스마트폰만 보면서 왜 저한테만 독서 하라고 하셔요?"

백 마디 말보다 모범을 보이는 것이 가장 좋은 방법이다.

일단, 가족 독서 시간을 정한다. 매일이 벅차다면 특정한 요일에만 실시해도 괜찮다. 장소도 정한다. 때로는 집이 아닌 스터디카페나 일반 카페도 좋다. 상황에 따라 다양한 장소를 선택할 수 있다.

아이 혼자 책 읽기의 바다에 빠뜨리고자 노력하는 부모들이 많다. 아이는 혼자서는 절대 빠질 수 없다고 안간힘을 쓴다. 이럴 때 부모가 먼저 퐁당 빠져보는 것이다. 그리고 아이에게 "엄마가 해보니, 아빠가 해보니, 정말 좋아. 재미있어."라며 책 읽기의 즐거움을 보여준다면, 아이는 두말없이 엄마 아빠가 있는 책의 바다에 빠져들 것이다.

온 가족이 책과 함께하는 시간을 만들고, 책과 함께하는 추억을 아이에게 선물하자. 이것이야말로 부모가 아이에게 해줄 수 있는 가장 큰 선물이다.

9

독서 나무,
시각화로 독서습관 만들기

* 누가누가 많이 읽나, 독서 릴레이 표

우리 반 지민이는 책 읽기를 싫어하는 친구다. 책과는 거리가 멀다. 아침 독서 시간에 읽을 책도 가지고 오지 않아 멍하니 있을 때가 많다. 내가 눈짓을 하면 그제야 어슬렁거리며 교실 책꽂이로 향한다. 일주일에 한 번 있는 도서관 수업에서도 책 읽기에는 관심이 없고, 옆 사람과 떠들거나 겨우 잡은 만화책 한 권조차도 채 읽을까 말까 한다. 책에 도통 관심과 흥미가 없는 지민이에게 어떻게 책 읽기 습관을 키워줄 수 있을까? 아직 책 읽는 재미를 모르는 친구들에게 책 읽기를 습관화할 수 있는 좋은 방법이 없을까? 고민 끝에 '독서 릴레이 표'를 활용하기로 했다.

'독서 릴레이 표'는 초등학교 교실에서 흔히 볼 수 있는 스티커 판이다. 막대그래프 형태에 책을 읽고 독서록에 기록할 때마다 스티커를 1개씩 붙여 나간다. 사소한 것에 의미를 부여하는 아이들의 심리에다 약간의 경쟁심리를 이용해 독서습관을 키워주는 방법이다.

다행히 지민이는 승부욕이 강한 아이였다. 나름, 이 방법이 먹혔다. 물론 단박에 독서왕이 되는 획기적인 변화는 없었다. 그래도 시각화된 '독서 릴레이 표'는 지민이를 자극하기에 충분했고, 다른 아이들에게도 나름의 분발 책이 되었다.

* 독서의 시각화, 독서 나무

그런데 '독서 릴레이 표'를 활용하다 보니 아쉬운 점이 생겼다. 아이들은 점점 독서 횟수에만 혈안이 되어 책을 후딱 읽고 치워버리기 바빴다. 독서록 작성도 성의 없이 하는 아이들이 늘어났다. 또 아이들이 읽은 책을 공유하고 비슷한 책을 읽었을 경우, 서로의 의견을 비교해 볼 수 있다면 좋겠다는 생각이 들었다. 그래서 독서량도 확인하고 독서 내용도 파악할 수 있는 '독서 나무'를 활용하기로 했다.

'독서 나무'는 말 그대로 독서를 키우는 나무이다. 주로 독서 초보인 아이들에게 매일 독서습관을 키우기 위해 교실이나 가정에서 활용할 수 있는 방법이다.

도화지나 전지에 나무를 크게 그리고 벽에 붙여 놓는다. 그러면 아이가 책을 한 권 읽을 때마다 나뭇잎 모양의 포스트잇에 읽은 책에 대한 정보와 자신의 느낌을 간단히 기록하고 나무에 붙여 나간다.

'독서 나무' 활동은 책의 정보와 내용을 기록해야 하니 좀 더 신경 써서 읽게 된다. 똑같은 책을 읽은 누군가의 생각도 찾아 읽을 수 있다. 그리고 다른 아이의 메모를 통해 다음에 읽고 싶은 책에 대한 정보도 얻을 수 있다.

'독서 나무'는 내가 책을 읽을 때마다 나뭇잎이 하나, 둘씩 자라난다. 작은 성과를 시각화하여 독서에 흥미가 없는 아이들에게 동기를 유발한다. 나뭇잎이 풍성해질수록 아이는 책 읽기에 보람을 느끼고 자신도 모르게 매일 독서습관을 만들어 갈 수 있다. '독서 릴레이 표'와 '독서 나무'를 함께 활용한다면 독서습관 기르기에 더 효과적이다.

가정에서 활용한다면 '엄마 아빠가 키우는 나무', '아이들이 키우는 나무'로 팀을 나누어 실시해도 좋다. 서로의 메모를 보며 독서 자극을 주고받을 수 있다. 물론 각자의 독서 나무를 만들어 '나만의 독서 나무'를 키울 수도 있다.

진짜 나무는 아니지만, 아이들은 충분히 상상력을 발휘해 진짜 나무처럼 정성을 다해 키우려고 한다. 우리 아이가 집안이나 교실에서 독서 나무 한 그루를 키울 수 있도록 도와주자.

그 외에 올바른 독서습관을 키울 수 있는 '독서 체크리스트' 활동
이 있다. 이 방법은 어느 정도 독서가 자리를 잡은 아이에게 적용하
면 좋다.

우리 집 막내는 독서 편식이 있다. 아직 글자를 모르기에 내가 읽
어 주는 경우가 많은데, 늘 읽어달라고 들고 오는 책이 뻔하다. 최근
인기를 달리고 있는 만화 캐릭터가 나오는 책이나 그 나이대 남자아
이들이 좋아하는 공룡, 동물, 곤충이 나오는 책을 주로 읽고 싶어 한
다. 어쩜 과학에 관심이 많은 아이여서 그럴 수도 있다.

학교에서도 마찬가지이다. 어떤 아이는 문학책만을 고집하고, 어
떤 아이는 만화책 외에는 잘 보려하지 않고, 집요하리만큼 과학책만
파고드는 아이도 있다. 독서습관이 잡혀 있어도 한쪽으로 치우친 독
서를 하는 셈이다. 이런 독서 편식을 바로잡기 위해 궁리 끝에 생각
해 낸 것이 바로 '독서 체크리스트'이다.

'독서 체크리스트'는 아이들이 골고루 책을 읽고 있는지 한눈에 파
악할 수 있고, 다양한 책을 읽도록 유도하는 방법이다. 동화, 동시,
소설, 추리 탐정, 역사, 과학, 위인전 등과 같이 아이들이 읽은 책을
분류하고 조사해 나가는 방식이다.

책 읽은 날짜를 기록한 후, 숫자가 인쇄된 스티커를 활용하여 점수
스티커를 붙이게 한다. 아이들이 좋아하는 만화책을 읽으면 1점, 대

다수 아이가 쉽게 읽을 수 있는 동화책은 2점, 그 외 역사나 과학책 등 읽기 쉽지 않은 책을 읽으면 3점을 부여한다. 점수의 기준은 각자 아이들의 독서 성향에 따라 다르게 적용할 수 있다.

이렇게 체크리스트화 하여 독서 활동을 누적해 가면 내 아이의 독서 스타일을 한눈에 볼 수 있다. 혹시 독서 편식을 하고 있다면 다양한 주제의 책 읽기로 자연스럽게 유도할 수 있다.

							9/12①
							8/2①
	5/8②					9/12②	6/3①
9/25②	4/3②				9/2③	8/12②	5/2①
동화	동시	소설	추리	역사	과학	위인전	만화책

* 패들렛을 활용한 독서 활동

마지막으로 스마트폰을 활용해 웹상에서 '독서 나무'와 같은 활동을 할 수 있는 방법을 소개하고자 한다. 동시다발적으로 정보를 공유하고 활용할 수 있는 패들렛 앱을 독서 활동에 적용하는 것이다. 패들렛에 독서 기록을 꾸준히 남기고 공유한다. 누가 어떤 책을 읽었는지 한눈에 파악되고 서로의 독서 상황을 쉽게 공유할 수도 있다. 또

패들렛에 읽은 책에 대한 서로의 생각이나 느낌을 공유할 수 있어서
학급 릴레이 독서와 같은 독서 활동에 많은 도움을 받을 수도 있다.

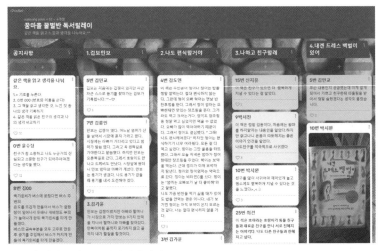

패들렛 앱에서 하는 독서릴레이 화면

가족이 함께 '독서 릴레이'를 하고 이번 달 MVP를 뽑아 보거나,
또 1년 동안 나만의 '독서 나무'를 키우면서 독서라는 주제를 가지고
가족과 함께하는 추억을 만들 수 있다. 그 밖에 '독서 체크리스트'를
활용해 독서도 편식 없이 해야 함을 깨닫게 할 수도 있다.

그 외에 고학년이 된다면, 패들렛 같은 스마트폰 앱을 활용해 언제
어디서든 내 독서 상황을 기록하고 가족과 함께하는 방법도 있다. 현
재 상황과 내 아이에게 적합한 방법을 한 가지라도 선택하여 실천해
보자.

10

가족이 함께 떠나는
독서 여행

여행이 일상이 된 시대를 살아가고 있다. 마음만 먹으면 주말을 이용하여 어디든지 갈 수 있다. 맛있는 것을 먹고 재미난 것을 찾아 떠나는 여행도 좋지만 조금 특별하게 가족 문학 기행 등으로 테마 여행을 준비하는 것도 좋다. 요즘에는 지자체 등에서 계절마다 다양한 프로그램을 운영하니 활용하면 쉽게 특색 있는 여행을 할 수 있다.

당장 내가 사는 지역에 '독서 기행', '문학 기행' 등의 낱말을 넣어 인터넷 검색을 해보자. 예를 들어 '서울 문학 기행'을 검색하면 다양한 정보를 찾을 수 있다. 또 휴가지의 지명을 넣어 'OO 문학 기행', 'OO 독서 여행'이라고 검색하면 관련 정보가 적어도 1개 이상은 있다는 사실을 알게 될 것이다. 가족이 함께 여행도 하고 책과 더욱 가까워질 수 있는 절호의 기회이며, 독서습관 형성에도 좋은 영향을 준다.

아이와 함께 떠나는 문학 기행

우선 내가 사는 지역의 작가와 관련된 명소를 찾아 주변 풍경도 감상하고 작가의 삶이나 작품들에 대해 알아보는 여행을 떠나 보자. 아이가 읽었던 동화책 작가를 찾아 떠나는 여행도 좋다. 예컨대 '순천 문학 기행'에서는 《오세암》의 작가 정채봉을 만날 수 있고, '안동 문학 기행'에서는 《강아지똥》으로 아이들에게 사랑받고 있는 권정생 작가를 만날 수 있다.

속초는 바다가 좋고 또 우리 가족만의 추억이 있는 곳이라 자주 찾는 우리 가족의 인기 여행지다. 특별히 지난여름에는 그동안 가보지

순천문학관

권정생 동화나라

않은 곳에 가기로 했다. 바로 속초 서점가다. 서점 구경을 하고 각자 원하는 책을 한 권씩 사서 바다를 보며 책을 읽기로 했다. 속초 서점가는 50~100m 남짓의 거리에 형성되어 있는데, 100년도 넘는 역사를 가진 이색적인 서점도 있다.

서점 구경을 마치고 각자 원하는 책을 골라 계산을 한 후 한적한 해변을 찾았다. 시원한 음료도 준비했다. 그러고는 해변 한쪽에 접이식 의자를 펼치고 온 가족이 앉아 책을 읽었다. 물론 바다를 앞에 두고 긴 시간 독서를 할 수는 없었다. 금세 더워진 아이들이 이내 바다로 뛰어들었기 때문이다. 그래도 훗날 우리 아이들은 속초 바닷가에서 신나게 해수욕하고 맛있는 음식을 먹은 것뿐만 아니라 서점에 가서 책을 고르고 바다를 보며 책을 읽었던 것을 떠올리며 즐거워할 것이다. 그것으로 충분하다.

주말에 떠나는 도서관 여행

여행은 꼭 멀리 가야만 하는 것은 아니다. 아이 손을 잡고 동네 한 바퀴 도는 것도 여행이 될 수 있다.

아이가 컴퓨터 게임에 빠져 집안에만 웅크리고 있다면 아이 손을 잡고 집 근처 도서관에 가보자. 도서관에서 책 읽는 사람들을 보는 것만으로도 아이는 새로운 세계를 접하는 것이다. 그리고 책이 빼곡히 들어찬 서가에 가서 다양한 분야의 책들이 많이 있음을 눈으로 확인시켜 주자. 늘 만화책만 읽는 아이라면 책을 보는 눈이 달라질 수도 있다.

하다못해 영화를 볼 수도 있다. 대부분 공공도서관에서 이달의 영화를 선정하여 무료로 상영을 하고 있다. 정말 책 읽기를 싫어하는 아이라면 영화 보기와 같은 행사에 참여하며 도서관과 친해지는 것도 방법이다.

특별히 주말여행을 갈 만큼 시간을 내기 힘들다면 내가 사는 곳의 도서관을 검색해 보고, 주말에 한 곳씩 정해 도서관 탐방을 해보는 것을 적극 추천한다. 최근에는 공공기관에서 운영하는 동네 작은도서관이나 북카페도 많이 생겼다. 이미 독서습관이 잡힌 아이라도 집이 아닌 다른 장소에서 책을 읽는 것은 색다른 경험이 된다.

·필수 독서습관 1·
하루 10분 독서는 필수

책을 싫어하는 아이를 처음부터 독서의 바다에 빠트릴 수는 없다. 아이에게 맞는 방법으로 독서에 서서히 물들게 하는 것이 좋다. 하루 10분부터 시작한다. 욕심을 버리고 아이가 하루 10분 독서부터 실천할 수 있도록 한다. 아침 식사 전, 저녁 식사 후, 잠자리에 들기 전 등으로 시간을 정해두면 잊지 않고 독서를 이어갈 수 있다.

① 책 읽기에 흥미가 없다면 그림책으로 다시 돌아간다.
② 꼭 동화책만을 고집하지 말고, 초등학생용 잡지 등 다양한 종류의 책으로 시선을 넓힌다.
③ 만화책을 한 권 읽었다면 동화책도 한 권 읽게 한다.
④ 서점이나 도서관에 자주 간다.

내 아이에게 가장 많은 영향을 미치는 것은 선생님이 아니다. 바로 부모다. 평소 책을 멀리했던 부모라면 이번 기회에 아이와 함께 책 읽기를 시작하면 어떨까? 부모의 책 읽는 모습은 아이에게 가장 좋은 동기부여가 된다.

나만의 독서 노트 만들기

책을 읽고 기록으로 남겨두지 않는다면 금세 잊어버린다. 한 편의 글로 작성해야 하는 독서 감상문과 달리 독서 노트는 간략하게 글을 쓸 수 있어서 독서 초보에게도 적합하다. 독서 노트를 쓰면 내 생각을 표현하는 실력이 늘고, 글을 이해하는 능력을 키울 수 있다.

① 책의 정보를 기록하게 한다. (제목, 지은이, 출판사)
② 책의 내용 중 마음에 드는 문단이나 문장을 따라 써보게 한다.
③ 책을 읽는 동안 내 생각을 다양하게 표현해보게 한다.
(마인드맵, 그림, 만화 등)

아이들이 독서 노트를 작성하면 그냥 읽을 때보다 한층 더 깊이 있게 책을 이해할 수 있고 또 오래 기억할 수 있다. 또한 독서 노트를 작성하며 사고력과 표현력을 향상시킬 수 있다.

주말 15분 낭독하기

일상이 매우 바쁘다면, 주말 15분이라도 아이와 함께 책을 읽는 시간을 만들어 보자. 특히 온 가족이 함께한다면 더욱 좋은 교육적 효과를 기대할 수 있다.

① 1단계: 일주일간 각자 있었던 일 나누기
② 2단계: 각자 책 소개 및 낭독하기
③ 3단계: 낭독 후 맛있는 다과 즐기기

스마트기기 사용 시간이 점자 늘어나면서, 아이들의 읽고 쓰는 능력은 심각한 상황이다. 글을 읽어도 무슨 말인지 알지 못하는 문해력 결핍이 갈수록 커지고 있다. 가정에서 스마트기기의 노출 시간을 줄이고 책 읽는 시간을 늘리는 노력이 필요하다. 가족이 모두 모여 '15분 낭독'을 하며 책 읽는 문화를 만들어간다면 아이의 독서습관 형성에 많은 도움을 줄 수 있다.

초등 3학년은 습관 형성의 결정적 시기입니다

4장

습관 만들기 3단계 :
공부습관으로 마무리

고학년으로 넘어가기 전에 공부습관을

"꾸준함이 성공이다."라는 말은 있다. 꾸준함에는 그 무엇도 이길 수 없다. 세상 지루한 일을 매일 해내는 힘, 그 속에 성공의 답이 있다. 공부가 그런 것이다. 공부를 좋아하기란 쉽지 않다. 하물며 초3, 열 살 아이가 뭐 그리 공부를 좋아하겠는가!

그러나 공부를 해봐야 배움의 기쁨을 알 수 있다. 해보지 않고서는 배움의 참맛을 알기 어렵다. 소가 물을 마실 수 있도록 개울가로 끌어오듯이, 내 아이도 배움의 참맛을 느끼게 하도록 공부의 문턱에 끌어와 앉혀야 할 것이다.

그러면 어떻게 끌어올 것인가? 내 아이에게 최적의 공부습관은 무엇일지 고민해야 한다. 방법을 찾았다면 꾸준히 해나갈 수 있도록 끌어주어야 한다. 아이 혼자 하도록 내버려 두는 것이 아니라 어떻게 공부해야 하는지 알려주어야 한다.

"공부습관은 태도가 전부다."라고 할 만큼 자세가 중요하다. 꾸준히 하려는 마음, 어려움이 닥쳐도 이겨내려는 끈기와 인내가 그 무엇보다 필요한 습관이다. 무엇이든 하면 된다. 처음이 어려울

198

뿐이다. 지금 당장 아래의 질문을 활용해 우리 아이의 공부습관을 점검해 보라. 그리고 하나씩 하나씩 잡아가자.

* 바른 자세로 책상에 앉아 공부하나요?
* 글씨를 또박또박 쓰고 있나요?
* 맞춤법은 어느 정도 완성되었나요?
* 여러 사람 앞에서 자신의 의견을 말할 수 있나요?
* 국어사전에서 낱말을 찾을 수 있나요?
* 적어도 하루 30분 이상은 스스로 공부하나요?
* 공책 정리를 스스로 할 수 있나요?
* 숙제를 성실히 하나요?

꾸준한 공부를 위해서는 좋은 공부습관이 우선이다. 그 공부습관을 잡아줄 수 있는 사람은 부모뿐이다. 그 누구도 부모만큼 사랑과 정성을 다해 가르쳐주지 않는다. 지금 바로 내 아이에게 적합한 공부습관을 찾고 꾸준히 실천하여 고학년을 대비하자.

이 장에서는 꾸준히 공부하는 힘을 길러 고학년을 대비할 수 있는 공부습관 9가지와 그에 따른 구체적인 방법을 안내하였다.

1

자세와 태도가
공부습관을 좌우한다

자세가 공부습관을 좌우한다

올바른 생활습관이 자리를 잡으면 자연스럽게 독서습관이 잡힌다. 일찍 일어나는 습관, 시간을 관리하는 습관이 생긴 아이는 눈이 저절로 책으로 갈 확률이 높아진다. 그리고 이 두 가지가 잘 맞물려 돌아가면 공부습관은 자동으로 따라오게 되어있다. 즉, 생활습관과 독서습관이 잡히면, 공부를 할 수 있는 힘이 생기는 것이다. 공부는 하루 만에 끝낼 수 있는 것이 아니다. 꾸준하게 지속해서 이어가야 하는 것이 공부다. 그럼 지속적인 공부를 만들어가는 습관인 공부습관은 어떻게 키워줄 수 있을까?

"지민아, 바른 자세!"

수업 시간 중 수시로 지민이를 불러 주의를 환기한다. 지민이는 공부도 제법하고 생각도 많은 아이다. 그리고 무엇보다 자기만의 세계가 있는 친구다. 그림 그리기도 좋아하고, 만들기도 잘하며, 미술에 재능도 많다.

그런데 이 아이에게 나쁜 습관이 하나 있다. 종종 한쪽 팔을 베개 삼아 엎드려 있는 것이다. 수업 중에도 주의를 환기하지 않으면 어느새 엎드린 자세를 하고 있다. 쉬는 시간에도 엎드려 있는 때가 많다. 아이가 걱정된다. 자세가 아이의 신체 성장에 많은 영향을 끼친다는 것을 알고 있기 때문이다. 실제로 나쁜 자세 때문에 척추측만증이 생겨 치료를 받는 학생을 직접 보기도 했다.

지민이를 생각하면, 자신감 없는 표정, 생기 없는 눈동자, 엎드린 자세, 작은 목소리 등 부정적인 모습이 먼저 떠오른다. 여러 좋은 점이 많은데도 자세가 바르지 않아서 그런지 부정적인 면이 더 많이 부각되는 것이다. 아이들에게 지민이는 어떤 아이로 보일까? 무기력한 아이로 보이지는 않을까? 아이들은 보이는 대로 생각한다. 어쩜 이런 이유로 지민이는 친구가 별로 없는 것은 아닐까, 하는 생각도 해본다.

'자세(posture)'는 사전적 의미로 '몸을 움직이거나 가누는 모양'을 뜻한다. 자세는 외적 자세와 내적 자세로 나누어 볼 수 있다. 앞에서 소개한 지민이의 사례는 외적 자세에 해당한다. 잘못된 자세는 근육 불균형의 원인이며 뼈, 관절, 인대와 근육에 과도한 스트레스를 제공하여 염좌나 부상을 일으킬 수 있다. 일자목, 거북목 등이 유발된다. 초등학생 중에서도 일자목, 거북목 때문에 두통을 호소하는 아이들이 많다고 하니, 자세는 공부습관을 좌지우지하는 중요한 요소가 아닐 수 없다.

그만큼 바른 자세가 중요하기 때문에 1학년 교육과정에 '바른 자세를 해요'라는 학습 단원을 두어 자세의 중요성을 알리고 또 습관이 되도록 지도하고 있다. 자세는 그 아이의 신체 건강뿐 아니라 이미지까지 좌우할 만큼 강력하다. 아이가 턱을 괴거나, 엎드린 자세를 자주 취한다면, 하루빨리 고쳐주어야 한다.

그릿(grit)이 있는 아이들

그럼 이번에는 내적 자세를 살펴보자. 내적 자세는 외적 자세만큼 중요하다.

똑같은 시간에 똑같은 과제를 해도 결과는 제각각이다. 결과가 좋든 안 좋든 그게 문제는 아니다. 문제는 과제물 자체를 내지 않는 아이들이다. 끝을 못 맺는 것이다. 조금만 힘들어도, 또 조금만 어려워도 이내 포기해 버리기 때문에 끝맺음을 못 한다.

반면에 끝까지 과제를 해결해서 집에 가기 전에 제출하고야 마는 아이들이 있다. 결과물이 완벽하지는 않더라도 일단은 해내는 것이다. 바로 그릿(grit)이 있는 아이들이다.

그릿은 미국의 심리학자 앤젤라 더크워스가 개념화한 용어로 "성공과 성취를 끌어내는 데 결정적 역할을 하는 투지, 용기"를 뜻한다. 즉 재능보다는 노력의 힘을 강조하는 개념이다. 그릿이 있는 아이들은 절대 포기하지 않는 태도를 보인다. 수행평가라고 해도 제시간 안에 해결하지 못하는 것은 물론이고 제출도 하지 않는 아이들이 있다. 당연히 최하점을 받는다. 반면, 잘 몰라도 또 어려워도 끝까지 붙들고 뭐라도 적어내고 끈질기게 완성해내는 아이들은 기본 점수와 태도 점수라도 받는다.

잘하고 못하고보다 중요한 것은 매 순간 삶을 대하는 아이의 자세이다. 지금 당장 실력이 부족하고 아는 것이 많지 않더라도 그릿이 있는, 즉 끈기와 인내가 있는 아이들은 결국 학습 성과를 낼 수밖에 없다. 그렇게 보면 습관이라는 것도 바로 끈기와 인내로 만들어지는 것이어서 '습관이 전부다'라는 말을 '그릿이 전부다'라는 말로 대치해도 전혀 손색이 없다.

그렇다면 어떻게 인내, 끈기와 같은 그릿을 키워줄 수 있을까?《그

릿》의 저자 앤젤라 더크워스는 "자녀에게 그릿이 생기기를 바란다
면, 먼저 부모 자신이 인생의 목표에 얼마만큼 열정과 끈기를 가졌는
지 자신에게 질문해 보라."라고 말했다. 결국, 자녀에게 그릿을 원한
다면 부모인 내가 먼저 그릿을 가져야 한다는 말이다.

***

공부를 시작하는 단계에 있는 초등학생에게 자세는 중요하다. 외
적 자세의 중요성은 두말하면 잔소리고, 내적 자세 역시 아이의 생활
을 좌우한다.

한참 성장하는 시기에 바른 자세는 무엇보다 중요하다. 아이가 학
교생활을 적극적으로 하기 바란다면 바른 자세 습관을 먼저 길러야
한다. 외적 자세와 내적 자세는 서로 연결되어 있다. 외적인 바른 자
세뿐만 아니라 내적인 바른 자세도 키워야 한다.

2

글씨를 바르게 쓰면
좋은 이유 4가지

유심히 아이들 한 명 한 명을 살펴보니 연필 잡는 손의 모양이 제각각이다. 1학년에서 충분히 배우고 익혀야 할 것들을 제대로 배우지 못하고 올라온 것이다. 주먹 쥐듯 연필을 잡는 녀석, 중지 다음에 연필을 끼고 있는 녀석 등….

바른 글씨를 쓰기 위해서는 연필 쥐는 법부터 다시 점검해야 한다. 또 자음, 모음 쓰는 획순도 복습이 필요하다. 여기에 띄어쓰기가 안 되는 아이들도 많다. 글자가 다 붙어 있는 것이다. 3학년임에도 불구하고 띄어쓰기가 안 되어 글이 하나의 통으로 보인다. 띄어쓰기도 다시 연습해야 한다. 할 것이 너무나 많다.

글씨를 바로 잡으려고 보니 바른 글씨와 관련된 것들이 수도 없이 쏟아진다. 왜일까? 바른 글씨는 모든 공부의 시작이기 때문이다. 바른 글씨 쓰기는 바른 자세를 익힐 수 있게 하고 공부와 학교생활 전반에 걸쳐 정성을 다하는 자세를 키울 수 있게 한다. 그러면 글씨를 바르게 쓰기 위한 연습을 단계별로 알아보면 다음과 같다.

‖ 1단계: 마음을 차분히 해요.

글씨를 날아가듯 쓰는 아이들은 대부분이 마음이 급하다. 빨리 해치워 버리고만 싶다. 빨리하는 것이 잘하는 것이라 착각하기도 한다. 자신이 쓴 글자를 자기도 알아보지 못하는 아이도 많다.

이런 아이들의 잘못된 생각을 바꿔 주어야 한다. 글씨를 바르게 써야 하는 이유를 알려주어야 한다. 그 이유를 알려주기 전에 스스로 찾아보게 하면 좋다. 그러고는 글씨를 바르게 쓰면 어떤 점이 좋은지 말해 보게 한다. 몇 가지 아이가 찾은 답을 기준으로 다음의 내용을 덧붙여 설명해주자.

‖ 2단계: 바른 자세를 해요.

글을 쓸 때는 바른 자세를 유지해야 한다. 등을 꼿꼿이 펴고 엉덩이를 의자에 최대한 가까이 밀착해서 앉게 한다. 어깨를 펴고 왼손은 공책을 살며시 누르고 오른손으로 연필을 바르게 잡아야 한다. 공책을 반듯하게 놓고 써야 글씨가 옆으로 기울지 않는다.

▷ **글씨를 바르게 쓰면 좋은 이유**

① 내 생각과 마음을 바르게 전달할 수 있다.
말을 바르게 하지 않으면 내 마음과 생각을 바르게 전달할 수
없고, 글씨가 바르지 않으면 때로는 오해가 생길 수 있다.

② 집중력을 키울 수 있다.
글씨를 제대로 쓰기 위해서는 눈과 손의 협응을 통해 종이와
나 자신에게 온전히 집중해야 가능하다.

③ 내 글이 제대로 평가받을 수 있다.
글씨체가 바르지 않으면 읽고 싶은 마음이 사라지고, 평가하기
도 힘들다. 심지어 내용이 좋아도 낮게 평가될 수 있다.

④ 정성을 다하는 진지한 태도를 배울 수 있다.
한 글자, 한 글자 정성을 다해 글씨를 쓰는 습관을 키운다면 매
사 모든 것에 정성을 다하려는 진지한 태도를 키울 수 있다.

‖ 3단계: 연필을 바르게 잡아요.

연필을 쥐고 글씨를 쓰면 소뇌와 운동 중추가 발달하는 효과가 있
다. 또 손가락을 많이 움직이면 미세 신경이 발달해 균형 감각과 두

뇌 발달에 도움을 준다. 연필 바르게 잡는 방법을 자세히 살펴보면 다음과 같다.

① 연필을 중지로 받쳐요.
② 집게손가락을 살짝 구부려 엄지손가락과 모아 잡아요.
③ 연필을 너무 세우거나 뉘어 잡지 않아요.
④ 공책과 연필의 각도가 30도 정도 되게 기울여 쓰세요.
⑤ 연필을 내려 잡거나 올려 잡지 않아요.
⑥ 엄지손가락을 가볍게 눌러 글씨를 쓰세요.

출처: 2015 초등 1학년 국정 교과서

* * *

최근 디지털 시대를 맞아 손으로 글씨를 쓸 일이 많이 줄어들고 있다. 그러나 손으로 글을 쓰는 행위는 여전히 중요하고 또 초등학교에서는 주로 손글씨를 쓰기 때문에 글씨 쓰기 교육은 지속해야 한다.

글씨를 바르게 쓰려고 노력하면, 철자 하나하나와 글자 크기에도 집중하게 된다. 다음 글자를 어디서 시작해야 할지, 얼마나 띄워야 할지 등을 끊임없이 생각하는 과정에서 집중력이 향상한다.

또한 글씨를 쓰는 행위 자체가 자판을 이용해 글을 쓰는 것에 비해 사고하고 판단하는 능력을 키우는 데 유리하다.

결과적으로 글씨를 바르게 쓰는 것은 학습 능력을 높여 준다고 해도 틀린 말이 아니다.

아울러 초등학교 3학년 이후부터는 자신만의 글씨체가 굳어져 교정하기가 쉽지 않다. 초등 1~2학년 때 배운 내용이지만, 3학년을 넘기기 전에 꼭 다시 한번 살펴보고 아이가 글씨를 바르게 쓸 수 있도록 관심을 가져야 한다.

3
3학년에는 받아쓰기를 마무리해야 한다

3학년은 맞춤법을 마무리해야 하는 시점

3학년이 되어도 받아쓰기를 100점 맞기는 쉽지 않다. 맞춤법이 틀리는 아이들이 많다. 그런데 초등 과정을 저학년(1~3학년)과 고학년(4~6학년)으로 구분하면, 3학년은 저학년의 마지막 학년이다. 그래서 맞춤법도 어느 정도 마무리해야 하는 시점이다.

우리 아이가 아직 맞춤법이 많이 틀리고 자신 없어 한다면 그냥 지나쳐서는 안 된다. 시간이 해결해 주리라 생각하고 내버려 두면 늘지 않는다. 공부라는 성을 쌓고 싶은데, 제대로 된 도구나 연장이 없다면 어떻게 되겠는가? 그래서 3학년도 받아쓰기 연습이 필요하다.

3학년은 과목 수도 많아지고 다루어야 할 학습 활동도 많아서 받아쓰기를 매일 하기는 벅차다. 우리 반 아이들은 매주 국어 교과서 진도에 맞추어 문장 열 개를 연습하게 한다. 받아쓰기 학습지에 한 번 따라 쓰고, 그다음 날 받아쓰기 공책에 한 번 더 쓴다. 이렇게 두 번 쓴 후, 매주 목요일 국어 수업 시작 전에 받아쓰기 시험을 본다.

아이들에게 부담을 주지 않으며 꾸준히 하려고 열 문장 중 중요도가 높은 다섯 문장을 불러주고 받아쓰게 한다. 그런 다음 바로 짝꿍과 공책을 바꾸어 채점하게 한다. 친구의 문장을 고쳐주다 보면 다시 한번 공부가 되기 때문이다. 그리고 공책을 돌려받은 후 즉시 틀린 문장을 세 번 써보게 한 후 공책을 제출하게 한다.

공책 검사를 하면, 평소에 과제를 성실히 한 친구들은 시험 결과도 좋다는 것을 알 수 있다. 욕심껏 하는 아이들은 두세 번 더 쓰고 연습한다. 매번 100점이다. 고작 다섯 문장 받아쓰기지만 작은 것에 최선을 다하는 아이들이다. 단연코 다른 과목도 잘한다.

가정에서도 받아쓰기 공부는 필요하다. '1~2학년도 아니고 공부할 것도 많은데 무슨 3학년이 받아쓰기까지 해야 하나'라 할 수도 있지만, 3학년은 그동안 학습했던 한글 학습의 종지부를 찍는다는 마음으로 전력을 다해야 한다. 맞춤법, 띄어쓰기, 문장부호 같은 것을

1~2학년 과정에서 배우지만, 아직 정확히 알지 못한다면 더욱 그렇다. 3학년이 되면 인지력이 높아져서 저학년 때 이해하지 못했던 것을 쉽게 이해할 수 있다. 한글의 자음, 모음, 글씨 쓰는 획순, 소리 나는 대로 쓰면 안 되는 낱말 등을 다시 점검하고 뒤돌아보는 공부가 필요하다.

물론 3학년 때 모든 맞춤법을 완성할 수는 없다. 여전히 틀리는 것들이 있고, 공부를 잘한다는 녀석들도 맞춤법에서 완전히 자유로울 수는 없다. 그러나 대체로 학교에서 담임교사가 붙들고 같이 공부하는 시기는 3학년이 마지막이 될 수 있다. 그러니 학교에서 받아쓰기 공부를 진행하고 있다면 성실히 따라가야 할 것이고 꼭 틀린 문장을 확인하여 써보고 익혀야 한다. 가정에서 받아쓰기 시험 준비에 도움이 되는 몇 가지 방법을 안내한다.

▷ 받아쓰기 연습 9단계

1단계: 받아쓰기 열 개 문장을 눈으로 살펴본다.
2단계: 틀리기 쉬운 받침에 동그라미표를 한다.
3단계: 큰 소리로 천천히 읽는다.
4단계: 천천히 또박또박 한 번 써본다.
5단계: 1차 받아쓰기 시험을 본다.

6단계: 틀린 문장과 위에서 동그라미 했던 부분과 비교해 본다.

7단계: 틀린 문장을 세 번 써본다.

8단계: 2차 받아쓰기 시험을 본다.

9단계: 틀린 문장을 세 번 다시 쓴다.

혹시 열 문장이 부담된다면 다섯 문장씩 해봐도 좋다. 작은 것이지만, 계속 연습하고 노력하면 뭔가를 이룰 수 있다는 것을 알게 되고, 체험하게 된다. 이런 노력 끝에 학교에서 보는 받아쓰기 시험에 좋은 점수를 받는다면 그 성취감은 말로 표현할 수 없을 것이다. 아이는 이 같은 작은 성공감을 통해 성장한다.

띄어쓰기 연습

‖ **방법 1: 책을 소리 내어 읽는 연습을 한다.**

1단계: '나는 책을 매일 읽고 띄어쓰기 연습을 합니다.'라는 문장이라면, '나는(한 칸 띄고) 책을(한 칸 띄고) 매일(한 칸 띄고) 읽고(한 칸 띄고) 띄어쓰기(한 칸 띄고) 연습을(한 칸 띄고) 합니다.'처럼 읽는다.

2단계: 긴 호흡으로 쉬어가며 읽는다.

나는 (긴 호흡으로 쉬고) 책을 (긴 호흡으로 쉬고) 매일 (긴 호흡으로 쉬고) 읽고 (긴 호흡으로 쉬고) 띄어쓰기(긴 호흡으로 쉬고) 연습을(긴 호흡으로 쉬고) 합니다.

3단계: 자연스럽게 읽는다.

‖ 방법 2: 깍두기공책을 활용한다.

깍두기공책을 교과서 내용을 베껴 쓰거나 받아쓰기 문장을 연습할 때 활용하면 좋다. 줄 공책에 띄어쓰기가 제대로 안 되고 통으로 글을 쓰는 아이들에게 추천하는 방법이다.

이밖에 도움받는 방법으로는 받아쓰기 앱을 활용하는 것이다. 무료로 제공되는 앱도 있다. 앱에는 바쁜 부모를 대신하여 문장을 불러주는 음성 지원 기능도 있다. 그러나 아직은 손글씨를 써 가며 받아쓰기 연습을 하는 것이 더 좋다.

***

바쁠수록 돌아가라는 말이 있다. 아이가 3학년인데 아직 맞춤법과 띄어쓰기가 안 된다고 조급해하지 말자. 우선 학교 받아쓰기 진도에 맞추어 예습과 복습을 철저히 하자. 그리고 조금 더 시간을 낼 수 있다면 역시 책 읽기이다. 책을 읽다 보면 맞춤법, 띄어쓰기, 문장부호, 소리 나는 것과 쓰는 것이 다른 낱말 등을 저절로 깨우치게 된다. 결국 저학년 학습의 종착지는 독서라는 것을 다시 한번 확인하게 된다.

4

1분 발표 프로젝트

왜 아이들은 발표하는 것을 어려워할까?

신학기가 되면 아이들은 교실 앞에 나와 자기소개를 한다. 간단히 내 이름과 나의 꿈, 가족 등 나와 관련된 몇 가지를 발표하는 것인데, 제대로 발표하는 아이가 몇 안 된다. 첫날이라 부끄러워 그럴 수도 있겠지만, 대체로 많은 아이가 앞에 나와 다른 사람들 앞에서 자기 생각 말하기를 매우 부담스럽게 생각한다.

최근 학교 현장에서는 발표 수업이 많이 늘어나고 있다. 개인, 모둠 발표 등 발표를 빼고는 수업을 진행할 수 없을 정도이다. 그런데 정작 아이들은 발표 수업을 굉장히 부담스러워하고, 하기 싫어하고 또, 곤혹스러워한다. 내가 조사하고 배우고 알게 된 것을 편하게 이야기하면 되는데, 아이들은 어려워한다.

왜 그럴까? 해마다 겪는 현상이기에 고민을 많이 했다. 그리고 내린 결론은 '아이들은 준비되어 있지 않다.'는 것이다. 발표 연습이 충분히 되어있지 못한 것이다. 게다가 남 앞에서 내 의견을 말하는 것의 중요성도 잘 모른다.

어떻게 하면 아이들의 발표 실력을 높일 수 있을까?

먼저 앞에 나와서 학교, 반, 번호, 이름을 발표하게 했다.

"저는 OO 초등학교 3학년 O반 O번 OOO입니다."

아이들은 일주일 동안 매일 나와서 말하고 들어가는 연습을 했다. 목소리가 쪼끔 커졌다.

다음 주에는 이름 소개와 장래 희망을 연결해서 발표하도록 하였다. 또 그다음 주에는 이름, 장래 희망, 내가 좋아하는 음식을 연결해서 발표하게 하였다. 나는 이런 발표 방법을 '눈 덩어리 발표'라고 표현했다. 그리고 눈 덩어리 발표가 익숙해질 때쯤, '1분 발표' 프로젝트를 진행하였다.

'1분 발표' 프로젝트

'1분 발표'는 학기 초마다 만나는 아이들의 터무니 없는 발표 실력에 놀라 시작한 학급 프로젝트이다. 발표 실력의 유무를 떠나 내가 맡은 학급의 아이들은 투입 시기만 조금 다를 뿐이지 항상 이 활동을 했다.

1분 발표는 모든 아이가 참여하는 활동으로, 정해진 순서에 따라 1교시 시작 전에 1분간 발표를 한다. 주제는 자유롭게 선정한다. 예를 들면 지난주 내가 읽었던 책, 나의 꿈, 가족 여행, 최근 뉴스나 신문에서 본 것 등 자유롭게 선정해 자기 생각과 느낌을 발표한다.

처음에는 두근두근 긴장한 표정이 역력하더니 아이들은 어느새 긴장감을 즐기고 있는 것 같았다. 그리고 1분이 채 끝나기도 전에 끝나던 발표가 회수를 거듭하며 점점 길어졌다.

나는 한 명 한 명 발표가 끝날 때마다 좋았던 점, 부족한 점을 피드백해준다.

"한 걸음 더, 무대 중앙으로 나와 보세요."

"발표할 때 눈은 정면을 응시하거나 친구들을 바라보세요."

"발표할 때 손은 머리를 만지거나 팔짱을 끼지 않아요."

그때그때 좋은 발표 자세에 대해서 지도하였다.

1분 발표는 학기 초 분주한 시기가 지나 학급이 안착할 무렵인 3월 말이나 4월 초에 시작하면 좋다. 3회 정도 돌아가면 1학기가 거의 끝나간다. 이 활동을 마무리하면서 느낀 점을 쓰게 하였더니 예상 외로 아이들이 1분 발표 활동을 좋아함을 알 수 있었다.

1학기 말로 1분 발표를 종료한다고 했더니 아쉬워하며 2학기에 또 하고 싶다는 친구들도 있었다. 또 학기 초보다 발표 실력이 많이 향상된 것 같다며 뿌듯해하는 아이도 있었다.

무엇보다 중요한 것은 공포의 대상이었던 발표하기가 나름 친숙해졌다는 것이다. 또한 무대 중앙에 서서 청중을 대상으로 3~4번 발표할 기회를 얻었다는 것이다. 처음에는 3학년 꼬마들이 얼마나 긴장했을까! 하지만 아이들은 반복과 경험을 통해 성장했다.

그리고 무엇보다 값진 성과는 다른 친구들의 발표를 들으며 더 많이 공부할 수 있다는 것이다. 다양한 발표를 직접 눈으로 보고 듣다 보면 좋은 공부가 된다.

3학년이 되었다면 자신의 의견을 조리 있게 말할 수 있도록 말하기 습관을 길러주어야 한다. 학교에서뿐만 아니라 가정에서도 조리 있게 말하는 습관을 길러주자. 몇 가지 주제를 부모 앞이나 가족 앞에서 발표할 기회를 만들면 좋다.

"네? 엄마 아빠 앞에서요? 에이 쑥스러워서 어떻게 해요?"라는 아이들이 있을 수 있다. 그러나 엄마 아빠 앞에서도 쑥스러워서 하지 못하는 발표는 다른 사람 앞에서는 더 하기 어렵다. 먼저 부모와 함께 발표 경험을 가져보는 것이다.

가정에서도 쉽게 해볼 수 있는 몇 가지 발표력 향상 방법을 안내한다.

1단계: 먼저 화이트보드를 준비한다. (준비단계)

화이트보드를 설치해 아이들이 자연스럽게 발표할 수 있는 환경을 만든다.

2단계: 화이트보드를 활용해 설명해 보게 한다. (연습단계)

부모 앞에서 화이트보드에 그림을 그리거나 적어가며 설명하게 한다. 수학 문제를 풀고 풀이법을 설명하게 하는 것도 좋다. 엄마 아빠가 "이 부분 잘 모르겠는데 다시 설명해주면 안 될까?" 등의 질문으로 호응하면, 아이들은 더 신나서 설명하는 모습을 보여줄 것이다.

3단계: 주말 1분 발표와 같은 가족 이벤트를 만들어 보자. (발표단계/완성단계)

2단계에서 형식 없이 설명 위주로 말하는 연습을 했다면, 3단계에서는 발표의 형태를 갖추고 말하게 한다. 먼저 자기소개, 오늘 발표할 주제 등을 안내하고 시작한다. 발표 후에 "감사합니다.", "이상입니다." 등 끝인사도 갖출 수 있도록 지도한다.

① 일주일 동안 읽은 책 중 가장 재미있게 읽은 책 한 권을 골라
  발표한다.
② 일주일 동안 학교에서 있었던 일 중 한 가지를 발표한다.
③ 이번 주 생활 목표에 대한 반성 및 다음 주의 목표 한 가지를
  발표한다.
④ 용돈을 어디에 쓰고, 얼마를 지출했는지 등을 주 단위 용돈 기
  입장을 토대로 발표한다.
⑤ 아이가 관심 있어 하는 분야 중 한 가지를 자유롭게 골라 발표
  한다.

* * *

이렇게 부모 앞에서 지난 일주일간 있었던 일에 대해 발표하고 이
야기해보는 것이다. 주기적으로 진행한다면 분명 아이의 말하기 실
력은 좋아질 것이다.

아울러 1분 발표를 통해 교사인 내가 얻었던 가장 큰 소득은 아이
의 생활과 생각을 엿볼 수 있었다는 점이다. 바쁘게 돌아가는 세상
속에서 내 아이와 눈 맞춤하고 이야기할 수 있는 시간이 절대적으로
부족한 오늘이다. 학교에서 있었던 일, 친구와 있었던 일, 이번 주 재
미있게 읽은 책 등 아이의 생활을 공유할 수 있게 된다.

부모 앞에서 발표하는 연습이 익숙해진 아이는 수행평가로 진행되는 발표나 교내 토론 대회, 영어 말하기 대회 등 중요한 발표를 앞두고 부모 앞에서 적어도 한 번은 시연해 볼 수 있다. 이렇게 쌓은 발표 습관과 경험은 훗날 아이의 중요한 순간에 빛을 발하는 디딤돌이 될 것이다.

5

국어사전 찾기는 어떻게
문해력을 높일까?

새로운 어휘가 급격히 늘어나는 시기, 3학년

초등 3학년이 되면 배우는 교과목의 수가 갑자기 늘어난다. 특히, 사회나 과학 같은 교과의 등장으로 아이들이 종종 모르는 단어를 마주하게 된다. 수업 중에 질문하는 일도 빈번해진다. 아주 쉬운 어휘에서부터 다소 어려운 낱말을 묻는 아이들까지 천차만별이다. 중요한 것은 초등 3학년, 이 시기가 어휘력 부족이라는 난관에 부딪히는 때이지만, 이를 달리 말하면 어휘력을 폭발적으로 높일 수 있는 절호의 시기라는 점이다.

다음은 어느 중학교 교실에서 있었던 이야기이다.

교사: 여러분 중에 "선무당이 사람 잡는다."라는 속담에서 '선무당'이 무슨 뜻인지 아는 사람 있어요?

학생: 서 있는 무당이요.

교사: 선무당이 '서 있는 무당'이라면 선과 무당 사이를 띄어 써야겠지요?

학생: 선생님, 선착순 할 때 선(先) 아니에요?

교사: 선(先)이라는 말이 있으면 후(後)라는 말도 있어야겠지요? 후무당이라는 말이 있을까요?

교사와 학생들 간 이런 대화가 오갔다고 한다. 해당 교사는, "학생들이 이렇게 대답하는 건 장난을 치려는 게 아니고, 진심으로 그렇게 생각하기 때문"이라며 "아이들의 국어 수준의 현실을 보여주는 모습"이라고 말했다.

교사들이 점수로 매긴 요즘 학생들 문해력 수준

※ 100점 만점

90점대(A등급)	2.1%
80점대(B등급)	15.4%
70점대(C등급)	37.9%
60점대(D등급)	35.1%
59점 미만(E등급)	9.4%

교사들이 생각하는 문해력 하락 원인

※ 중복 응답

유튜브 등 영상 매체에 익숙해져서	73.0%
독서를 소홀히 해서	54.3%
한자 교육을 소홀히 해서	16.6%
학교에서 어휘 교육을 소홀히 해서	13.9%

기타(기초학력 경시 분위기/진보 교육감의 받아쓰기·일기쓰기 금지/지식 교육보다 활동 위주 교육 강화 등)

※ 한국교총이 2021년 4월 9~16일 전국 초·중·고 교사 1,152명 대상으로 설문   〈출처: 연합뉴스〉

일선 학교 교사들은 학생들이 '금일(今日)'을 '금요일'로 알거나 '고지식'이란 말을 '높은(高) 지식'으로 이해하는 등 단어의 뜻을 몰라 교과서를 올바르게 읽지 못하고 시험 문제를 제대로 풀지 못하는 일이 비일비재하다고 토로한다. 문해력 성장의 저해 원인으로는 유튜브 등 영상매체에 익숙하고 독서를 소홀히 한 것이 가장 큰 원인이라고 지적한다.

문해력을 높이는 방법, 국어사전 찾기

유네스코는 문해력을 "다양한 내용의 글을 이해, 해석, 창작하는 힘"으로 정의한다. 문해력 부족으로 교과서를 읽지 못해서 아예 공부를 포기하는 학생도 점점 늘고 있다. 또한 문해력은 문제해결 능력, 의사결정 능력, 협상 능력 등과 깊은 관련이 있다.

문해력을 키우기에 가장 좋은 방법은 책을 많이 읽는 것이다. 여기에 책을 읽다가 중간에 모르는 단어가 나오면 찾아보고 그 뜻을 이해하는 과정을 추가하면 더욱 효과적이다.

아이들은 모르는 단어가 나오면 대개 교사나 부모에게 질문하기 바쁘다. 가장 쉬운 방법이지만 부모나 교사가 항상 붙어서 도움을 줄 수는 없다. 컴퓨터나 핸드폰을 활용해 단어를 검색할 수 있지만 초등 3학년에게 스마트폰은 아직 이르고 또 대개의 아이는 핸드폰이 없다. 단어를 찾겠다고 핸드폰 구매를 독려하기도 좀 그렇다. 그럼 어떤 방법이 좋을까? 가장 좋고 또 익혀야 하는 방법은 바로 국어사전을 활용하는 것이다.

초등 국어 교육과정에는 3~6학년에 걸쳐 국어사전을 활용하는 수업이 있다. 특히 3학년에는 국어사전의 구성, 국어사전에서 단어 찾는 법 등, 국어사전을 처음 사용하는 아이들의 관점에서 아주 자세히 학습할 수 있도록 구성되어 있다. 수업 시간에는 직접 국어사전을 가지고 단어를 찾아보며 학습한다. 아이들은 국어사전을 보면서 모르는 단어를 찾으며 공부하는 시간을 신기해하고 재미있어한다. 처음이라 서툴기도 하지만 한번 잘 가르치면 제법 잘 찾는다.

국어사전 찾기를 생활화해야 한다

국어 시간에 사전 찾기 수업을 하면서 강조하는 것은 바로 수업 시간에서뿐만 아니라 일상에서도 모르는 단어가 나오면 사전을 찾는 습관을 갖자는 것이다. 자주 강조하여 국어사전 찾기가 실생활의 습관으로 단단히 자리매김하도록 이끌고 있다.

실생활에서 국어사전을 활용하는 몇 가지 방법을 안내하면 다음과 같다.

첫째, 국어사전의 딱딱한 케이스부터 버려라.

사전은 대부분 딱딱한 케이스 안에 들어있다. 사전을 훼손하지 않고 오래 보관하기 위한 것이지만, 케이스는 아이들과 사전과의 장벽을 높인다. 필요할 때 바로 종이 사전을 펴서 볼 수 있어야 한다. 케이스를 다른 곳에 보관하거나 과감하게 버려도 좋다.

둘째, 국어사전을 손 닿는 곳에 두어라.

책을 읽다가 모르는 단어가 나왔을 때 바로 사전에 손을 뻗을 수 있도록 환경을 만든다. 책상 위나 거실 한쪽에 사전을 준비해 둔다면 아이가 좀 더 쉽게 사전에 손을 뻗을 것이다.

셋째, 무조건 국어사전을 찾게 하지 않는다.

모르는 단어가 나왔을 때 바로 사전을 찾지 말고, 아이가 아는 지식을 이용해서 단어의 뜻에 가깝게 갈 수 있도록 힌트를 주며 유도하면 좋다. 사전을 찾기에 앞서 생각하는 단계를 두어 인지적 경험을 하게 하는 것이다. 그다음에 사전에서 단어를 찾아도 늦지 않다.

넷째, 간단한 게임으로 국어사전과 친해진다.

사전 빨리 찾기와 같은 게임으로 국어사전과 친해질 수 있다. 아이에게 어떤 단어를 1분 안에 찾기, 또는 30초 안에 찾기 등 미션을 주며 게임 형식으로 진행한다. 아이는 단어 찾는 활동에 경쟁적으로 참여하며 국어사전에 익숙해질 수 있다.

* * *

모르는 단어가 나오면 국어사전을 찾아 그 뜻을 알고 내 것으로 만드는 연습은 아이에게 중요하다. 아이가 손을 뻗으면 쉽게 국어사전을 접할 수 있도록 환경을 만들자. 그리고 국어사전과 친해질 수 있도록 다양한 방법을 적용해 보자. 국어사전만 한 좋은 친구도 아마 없을 것이다.

6

하루 30분
공부습관 만들기 3단계

학교에 다니는 자녀를 둔 부모에게 최대 관심사는 역시 아이의 공부일 것이다. 아이가 공부를 잘하는 방법을 찾아 동분서주한다. 그러나 초등학교 시절 공부를 잘하는 것보다 더 중요한 것은 공부습관 형성이다. 혼자 알아서 공부하는 습관이 있다면 시키지 않아도 저절로 잘하게 될 것이다.

그럼 공부습관을 어떻게 잡아주어야 할까?

무엇보다 먼저 초등학교 저학년, 최소한 3학년이 끝나기 전까지는 공부습관이 잡혀 있어야 한다. 4학년만 되어도 자기주장이 강해지기 때문에 고학년에 가서는 습관 잡기가 어렵다. 공부습관이나 생활습관을 올바르게 들이려면 초등 저학년, 특히 3학년을 그냥 넘겨서는 안 된다.

하루 30분 공부습관

초등 3학년이면 하루 30분 공부습관을 시작해도 큰 무리가 없다. 이미 공부습관이 자리 잡은 아이라면 1시간도 거뜬히 해낼 수 있다. 그러나 공부와는 담을 쌓고 엉덩이가 가벼운 아이라면 채 10분도 앉아 있기 힘들다.

모든 습관의 처음은 아주 쉽고 작아야 한다. 아이가 부담스럽다고 느끼면 시도조차 하지 않기 때문이다. 습관이 안 된 아이에게 하루 30분 공부(여기서 30분 공부는 학원 공부 등이 아닌 나 스스로 학교 과제나 복습, 예습 등을 하는 것을 의미한다.)는 쉬운 일이 아니다. 따라서 너무 욕심 부리지 말고 멀리 보는 것이 중요하다. 10분부터 시작해도 좋다. 천천히 차근차근 역량을 키워줘야 한다. "공부는 결국 엉덩이 힘"이라는 말이 있다. 틀린 말이 아니다. 매일 앉아 있는 습관을 길러야 무엇이든 해낼 수 있다.

하루 30분 공부를 적용하는 방법은 크게 2가지가 있다.

첫 번째 방법은 저녁 먹고 30분, 학교 다녀와서 30분 등으로 일정한 시간을 정해놓는 것이다. 이 방법은 약속을 잘 지키고 규칙 준수를 좋아하는 친구들에게 적합하다. 아울러 나름의 집중력이 있는 아이들에게 적용할 만하다. 이렇게 30분 공부가 자리 잡으면 점차 시간을 늘려나가면 된다.

반면 집중력이 부족하고 아직은 공부 동기가 없는 친구라면 두 번째 방법을 제안한다. 분량을 정해두고 공부를 시작하는 방법이다. 대략 30분 정도의 공부 분량, 예컨대 수학 2쪽 풀기, 영어 듣기 3분 등으로 정한다. 집중 시간이 짧아 들썩들썩하는 시간이 많다 보니 30분 분량이지만 30분이 다 지났어도 결과물이 형편없을 수가 있다. 그러면 시간이 더 필요하고, 정한 공부 분량을 다 끝났을 때 30분 공부가 끝나는 셈이다. 집중이 짧은 아이는 끊어서 학습하게 하고 자주 확인해 주는 것이 좋다.

그리고 미리 정한 공부를 다 마무리했다면 그에 따른 보상을 주거나 자유를 허락하는 것이 중요하다. 특히 아직 공부습관이 잡혀 있지 않은 아이라면 '공부+자유시간'을 공식화해주어야 한다. 물론 순서는 공부가 먼저, 자유시간이 다음이다.

아이들에게 물질적, 정신적 보상은 습관 만들기의 윤활유와 같다. 자잘한 학용품을 1,000원~2,000원 범위에서 마음껏 고를 수 있게 하거나 작은 선물을 마련하여 아이의 학습 동기를 끌어 올리는 것도 방법이다.

위에서 살펴본 하루 30분 공부를 위한 2가지 방법을 적용해 보기 전에 우선 내 아이의 성향을 객관적으로 살펴볼 필요가 있다. 아이의 현재 준비도, 성향, 기질 등에 맞는 방법이어야 하기 때문이다. 내 아이니 잘 알고 있다고 생각할 수 있지만, 때로는 '아이에게 이런 면이 있구나!' 하며 새삼 놀라는 경우가 있는 것을 볼 때 부모라면 일단 내 아이를 잘 관찰하고 살펴봐야 한다. 최근 유행하는 MBTI나 학습유형 검사를 해보는 것도 나쁘지 않다.

공부 방법을 정했다면 일방적 통보가 아닌 아이와 어떤 공부를 어떻게 할 것인지를 협상하고 조절하는 것이 필요하다. 예를 들면 '수학 5쪽 할까, 3쪽 할까'와 같은 대화를 통해 아이와 협상하고 최종적으로 아이가 직접 선택하게 한다. 그러면 아이도 자신의 선택에 대한 책임을 갖게 된다. 그럼 앞서 설명한 방법들을 다시 한번 요약해 보자.

초등학생 엉덩이 힘 기르는 법

‖ 1단계: 30분 공부 전 충전의 시간을 갖는다.

30분 공부 전 나름 힘들었을 학교생활에 대한 보상을 주는 것이 필요하다. 예를 들어 2시 30분에 하교를 했다면 3시까지는 자유시간을 준다. 이 시간에는 간식을 먹든 놀이를 하든 간섭하지 말고 지친 몸과 마음을 충전할 수 있도록 해주자. 집에 오자마자, "어서 씻고 공부해."라는 말은 아이의 공부 동기를 꺾을 수 있다.

‖ 2단계: 매일 꼭 해야 하는 공부를 정해둔다.

자유시간 후에 책상에 앉으면 1~2가지를 정해 매일 꾸준히 하게 한다. 그런 후에 과제 등 다른 것으로 넘어가게 한다. 예를 들면, 책상에 앉자마자 수학 문제집 2쪽 풀기, 영어 2쪽 듣기 등으로 정해 매일 하게 한다. 이때 주의할 점은 1쪽이든 2쪽이든 아이가 부담 없이 할 수 있도록 학습량을 조절하는 것이다. 양보다 꾸준함에 포인트를 두는 것이다.

‖ 3단계: 30분 공부 후에는 자유시간을 준다.

그날 해야 할 공부량이나 학습 시간을 충족했다면 꼭 자유시간을 준다. 일종의 보상이다. 그리고 싶은 그림 그리기, 읽고 싶은 책 읽기 등을 자유롭게 선택하게 한다. 게임도 시간을 정해서 하게 한다. 과하지만 않다면 허락해도 좋다.

* * *

처음 30분으로 시작했지만, 아이가 잘 적응하고 따라온다면 충분히 보상을 해주며 시간을 점점 늘려보기를 권한다. 3학년 초 30분으로 시작해서, 학기 말 1시간까지 해냈다면 공부습관 만들기는 성공한 셈이다. 처음 21일까지가 고비이니 이 기간만큼은 부모도 아이와 함께 공부한다면 아이의 학습 동기가 한 층 더 높아질 것이다.

시간이 허락한다면 매일 공부한 내용을 꼼꼼하게 점검하고, 작은 것이라도 어제보다 나아진 점을 찾아 폭풍 칭찬을 해주어야 한다. 맞벌이 등으로 시간이 없는 부모라면 주말 중 하루를 정해 고정된 시간에 규칙적으로 아이의 일주일 학습을 점검해야 한다. 엄마·아빠가 아이의 공부에 관심을 두고 있다는 것을 알게 해주어야 한다.

7

공책 정리는
곧 내 머릿속 정리

초등학교 3학년이 되면 1~2학년 때와는 달리 공책에 적어야 할 것이 많아진다. 1~2학년의 교과목 대부분은 한글 교육과 학교생활 적응에 초점이 맞추어져 있다. 그래서 교과서도 국어, 수학(수학 익힘), 통합교과(봄, 여름, 가을, 겨울)로 구성되어 있다. 특히 통합교과는 놀이 활동 중심 교과여서 읽고 쓰는 공부가 아닌 몸으로 체험하고 이해하는 주제들이 많다. 그러니 특별히 공책에 필기해야 할 일이 많지 않다.

그러나 3학년이 되면 국어, 사회, 도덕, 수학, 과학, 체육, 음악, 미술 영어, 창체 등으로 과목 수가 많아진다. 통합교과로 묶여있던 교과들이 세분된다고 보면 된다. 또 사회, 과학에서는 새로운 개념, 이론들을 접하게 된다. 점점 수업 내용에 대한 정리가 필요한 시기이며, 자연스럽게 공책 필기가 따라와야 한다.

한 조사에 의하면 서울대 합격생 중 97%의 학생이 공부하면서 공책 정리를 적극 활용했다고 한다. 정리된 자료를 활용하는 예도 있겠지만, 공책 정리는 많은 학생이 사용하는 공부 방법이다. 따라서 출발점이 되는 초등학교 3학년 때의 공책 정리는 매우 중요하다.

그럼 공책 정리는 왜 중요할까?, 또, 어떤 방식으로 해야 공부에 도움이 될까?

첫째, 손글씨는 공부를 돕는 강력한 뇌 자극이다.

사람의 손은 운동기관일 뿐만 아니라 '외부의 두뇌'로 불릴 만큼 많은 외부 자극을 수용하는 기관이다. 손을 통해 전달된 외부 자극은 뇌를 활성화해 뇌가 고차원의 정신 기능을 발휘할 수 있도록 돕는다. 뭔가 쓰며 수업에 참여하면 기억도 잘 나고 내용도 머릿속에 잘 들어오는 경험을 해보았을 것이다. 필기하며 손을 쓰는 일이 뇌를 자극하여 적극적인 수업 듣기와 집중을 돕기 때문이다. 나중에 필기를 다시 보지 않더라도 수업 중 공책 필기는 그 자체로 의미가 있다.

둘째, 공책 정리는 곧 내 머릿속 정리이다.

공책 정리 과정이 곧 생각 정리 과정이다. 공책 정리를 하려면 중요한 내용이 무엇이고 그것들이 서로 어떤 관계가 있나를 생각할 수밖에 없는데, 이 과정에서 생각이 정리되고 내용의 체계가 파악된다. 공책 정리를 하는 것만으로도 공부한 내용의 뼈대를 세우는 셈이 된다.

셋째, 공책을 보면 수업 시간의 태도가 보인다.

어떤 아이의 공책과 교과서를 보면 수업 내용이 잘 정리되어 있다. 수업 내용을 잘 정리했다는 것은 수업 시간에 집중해서 잘 들었다는 것을 의미한다. 반면에 어떤 아이는 교과서의 기록하는 난들이 빈칸으로 구멍 나 있거나, 공책 정리 역시 미흡한 부분들이 많다. 심지어 쓸데없는 낙서나 그림 같은 것들을 적어 놓는 아이도 있다. 단박에 수업 시간 아이의 태도가 보인다.

만약 내 아이의 학교생활이 궁금하다면, 혹은 수업 시간의 공부 자세가 궁금하다면 아이의 교과서와 공책을 들여다보면 된다.

그럼 공책 정리가 처음인 초등 3학년에게는 어떻게 지도해야 할까? 1~2학년용 줄 공책에 비해 칸의 높이가 좁아진 3~6학년용 줄 공책도 처음 사용해보는 아이들이 대부분일 것이다. 우선 공책 정리에서의 기본적인 것들을 지도한다.

첫째, 글씨는 깔끔하게 쓴다.

글씨는 예쁘게보다는 정성스럽게 쓰도록 지도한다. 정성 들여 쓴 공책은 소중하다. 정성 들인 공책은 자꾸 펼쳐보고 싶어진다.

둘째, 기초적인 공책 사용법을 지도한다.

공책을 검사하다 보면 아이들의 정리 방법이 천차만별이다. 줄의 처음이 아닌 가운데부터 시작하는 아이도 있고, 줄 바꿈 없이 빡빡하게 써 놓아 보는 사람 숨 막히게 하는 아이도 있다. 또 한 면에 두세 줄밖에 안 썼는데 다음 시간에 이어 쓰지 않고 면을 바꾸어 쓰는 아이도 있다. 3학년은 이제, 막 공책을 쓰기 시작한 아이들이라서 날짜 쓰기, 필기 시작하기, 줄 바꿈 하기 등 아주 사소하고 기초적인 것부터 지도해야 한다.

▷ **3학년 대상 기초적인 공책 정리 지도 내용**

내 마음을 전하는 방법을 배웠으니 편지를 써봐야겠다.

- 앞 시간에 배운 내용과 구별되도록 1~2줄 띄우기

2024년 5월 10일 금요일　← 날짜 쓰기

- 한 줄 띄우기

<국어>　← 과목명 쓰기

단원: 3. 내 마음을 전해요.

학습 문제: 내 마음을 전하는 편지쓰기를 해보자.　　← 칠판에 적힌 단원, 학습
　　　　　　　　　　　　　　　　　　　　　　　　　　문제 쓰기

1. 내 마음을 전하는 다양한 방법: 직접 말하기, 전화하기, 편지쓰기
　 ← 교사가 제시하는 내용 쓰기

2. 편지로 내 마음을 전하면 좋은 점

　- 직접 말하기 어려울 때 내 마음을 전할 수 있다.

　- 편지를 주고받으면 더욱 친해질 수 있다.

　3학년 1학기에는 일단 위처럼 교사가 제시하는 내용을 공책 사용법에 맞게 적어보는 훈련이 필요하다. 공책 쓰기 지도만 하다가 수업이 끝날 정도로 아이들은 필기에 익숙하지 않다. 그래서 교사가 칠판에 판서한 내용이나 PPT 등으로 요약한 내용을 보고 적는 연습부터 시작한다.

　셋째, 내용을 보충하는 방법을 지도한다.

　교사가 제시하는 내용 베껴 쓰기로 초보적인 공책 정리에 익숙해졌다면, 교사가 정리해 준 것 외에 설명했던 내용, 또 내가 몰랐던 내용 등을 다른 색깔로 구분해 필기하는 법을 알려준다.

　넷째, 수업 중 중요한 내용에 표시하게 한다.

수업 중 필기한 내용이 다 중요하지 않다는 것을 알려주는 것이다. 특별히 교사가 강조한 내용이나 자신이 중요하다고 생각하는 곳에 별표, 형광펜 등을 사용해 표시하게 한다. 핵심을 파악하는 능력을 기를 수 있다.

다섯째, 구조화하는 법을 알려준다.

공책을 구조화하는 이유는 정리내용을 한눈에 보기 위해서이다. 받아적는 단계에 익숙해졌다면 본인만의 방식으로 공책을 구조화하는 방법을 알려준다. 공책 정리는 생각의 정리이기 때문에 내용이 빠짐없이 들어가는 것만큼이나 내용의 배치를 어떻게 하느냐가 중요하다. 그래서 공책 정리 초보 딱지가 어느 정도 뗐다면 코넬 노트 정리법이라는 구조화된 공책 정리 방법을 지도한다. 왼쪽에 줄 하나 그어주었는데 금세 구조화된 것을 볼 수 있다.

3학년이 되면 대개의 담임교사는 '배움 공책'이라는 노트를 준비하게 하여 지도한다. 교사의 지도 방법이 조금씩 다를 수는 있지만, 기본적인 내용은 비슷하다. 일단 학교에서 가르쳐주는 방법을 잘 배우고 익히는 것이 중요하다.

* * *

학교생활에 충실하기 위한 첫째 방법이 바로 공책 정리이다. 사소한 듯 보이지만 절대 사소하지 않다. 그리고 일주일에 한 번은 꼭 시간을 내어 교과서와 공책 검사를 하도록 하자. 아이의 학교생활이 단박에 그려질 것이다.

코넬 공책 정리 방법 1-기본

-왼쪽에 줄을 하나 그어
 칸을 나눈다.

2024년 5월 10일 금요일	
1교시	
국어	
2교시	
수학	
3교시	
과학	

코넬 공책 정리 방법 2-심화

상단 - 단원명과 학습문제	
왼쪽 - 핵심어	오른쪽 - 번호 붙인 내용 정리
하단 - 요약과 질문	

8

초3을 위한
예습, 복습의 기술

공부습관을 이야기하면서 절대 빼놓을 수 없는 것이 바로 예습, 복습이다. "공부를 잘하기 위해서는 예습과 복습을 반드시 해야 한다." 라는 말은 귀에 못이 박히도록 들었던 말이다.

중학교 때 공부를 곧잘 했던 나는 고등학교에 들어가서는 더 잘하고 싶었다. 그런데 마음과 달리 수업 시간이면 졸음이 쏟아져서 급기야 어떤 날은 한 시간 내내 졸다 깨기를 반복하다 수업이 끝나기도 했다. 특히 지리 시간이 최악이었다.

그러던 어느 날 이제 이렇게 해서는 안 되겠다는 굳은 결심하고, 수업 시간에 졸지 않고 수업에 집중할 수 있는 방법을 찾기 위해 고민하였다. 그러던 중 늘 들어왔던, 공부 잘하는 법을 안내하는 모든 책에 빠지지 않고 등장하는 "예습, 복습을 잘하자."를 정말로 실행해 보기로 했다.

예습을 위해 수업 전날 교과서를 훑어보았다. 중요하다고 생각하는 낱말이나 문장에 밑줄도 그어 보았다. 10분이 채 걸리지 않았다. 바빠서 예습하지 못한 날은 수업 전 쉬는 시간에 교과서를 읽으며 예습을 했다.

그런데 생각지 못했던 놀라운 일이 발생했다. 선생님 설명이 귀에 쏙쏙 들어오는 것이 아닌가! 또 다음에 무슨 내용이 이어질지 예측이 되었다. 이 수업에서 무엇이 중요한지도 보였다. 그리고 자연스럽게 효과적인 복습으로 이어졌다. 무엇이 중요한지, 내가 무엇을 모르고 있는지, 또 시험에 어떻게 적용될지 쉽게 머릿속에 그려졌기 때문이다. 그날 이후 예습과 복습의 중요성을 체험한 나는 고등학교 내내 이 방법을 적용하여 좋은 성적을 얻을 수 있었다.

예습은 수업이라는 항해를 위한 지도와 같다

예습은 공부의 효과를 높이는 가장 좋은 방법이다. 특히 수업 시간에 집중하지 못하거나, 딴생각을 많이 하는 학생에게 더욱 효과적이다. 예습은 수업이라는 항해를 위한 지도와 같다. 오늘 이 수업에서 어디로 나아갈지, 가면서 어떤 것을 만날지, 또 무엇을 조심해야 하는지, 더 나아가 최종 목적지는 어디인지 자세히 나와 있는 지도 말이다. 미리 알고 준비를 하며 가는 것과 아무것도 모른 채 그냥 휩쓸려 가는 것은 전혀 다르다. 짧은 시간이라도 좋으니 꼭 예습하는 습관을 길러야 한다. 그러면 초등학생에게 적합한 예습 방법은 무엇이고, 어떻게 지도하면 좋을까?

첫째, 수업 전에 교과서를 읽게 한다.

모든 공부의 시작은 교과서를 읽는 것이다. 전날 미리 교과서만이라도 읽어 두면 대충 수업의 흐름을 파악할 수 있다. 또 수업 시간에 선생님이 던지는 질문의 답을 쉽게 찾을 수 있다. 자연히 발표도 잘할 수 있고, 점점 자신감도 붙는다. 결과적으로 수업에 참여하는 자세가 적극적으로 될 수밖에 없다. 교과서 읽는 것은 오랜 시간이 걸리지 않는다. 특히 초등 3학년 교과서는 읽을 지문이 많지도 않다. 그러니 큰 소리로 교과서를 한 번 읽어보게 하자. 그 하나만으로도 충분한 예습이 될 수 있다.

둘째, 국어의 경우, 지문으로 실린 동화나 시 등의 작품을 먼저 읽어보게 한다.

국어 교과서에는 동화나 시 등 작품의 일부만 실려있다. 그래서 미리 작품 전체를 찾아서 먼저 읽어본다면 효과적이다. 이때 앞에서 강조했던 국어사전을 활용해서 모르는 단어도 찾아본다면 제대로 예습하는 셈이다.

셋째, 사회나 과학의 경우, 관련 배경지식을 쌓게 한다.

초등 3학년이 되어 처음 접하는 과목 중 하나가 사회와 과학이다. 그만큼 생소하고 모르는 낱말이 많이 나와서 내용 이해에 어려움을 겪는 아이들이 생긴다. 그래서 수업 주제와 관련된 내용의 책을 미리 읽거나, 인터넷 검색 등을 하여 배경지식을 쌓아야 한다. 박물관이나 역사유적지를 직접 찾는 것도 배경지식 쌓기에 좋은 방법이다.

넷째, 수학의 경우, 기본 문제 정도는 미리 풀어보게 한다.

지나친 선행학습은 학습 동기를 낮출 수 있다. 특히 수학이 그렇다. 너무 많이 배우고 오면 수업 시간이 지루해지는 등 안 좋은 점이 많다. 그러나 수학에 자신감이 없고 수학을 좋아하지 않는 아이라면 수업 전에 미리 교과서 문제를 풀어보는 것이 좋다. 수업 중 앞에 나와서 문제를 풀어야 하는 상황에 자신감 있게 참여할 수도 있다. 그래도 조금 욕심을 내어 선행학습을 하고자 한다면, 방학 중에 다음 학기 선행 정도를 조심스럽게 권해 본다.

초등 3학년에게 적합한 복습의 기술

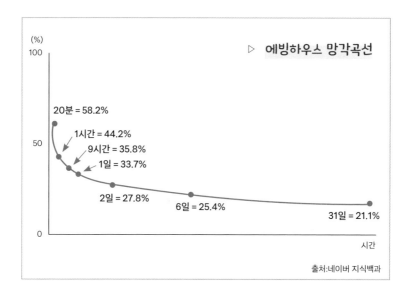

▷ **에빙하우스 망각곡선**

20분 = 58.2%

1시간 = 44.2%

9시간 = 35.8%

1일 = 33.7%

2일 = 27.8%

6일 = 25.4%

31일 = 21.1%

시간

출처:네이버 지식백과

자, 이렇게 우리 아이가 예습이란 돛을 달고 공부라는 항해를 순조롭게 시작했다면, 이제는 복습을 통해 배운 내용을 단단하게 다져야 한다.

여기서는 왜 복습이 중요한지, 또 복습을 어떻게 해야 하는지를 '에빙하우스 망각곡선'을 통해서 살펴보겠다. 에빙하우스 망각곡선은 기억 연구에서 선구적이고 고전적인 결과물이다.

위 도표를 보면 학습한 직후에 망각이 매우 급격하게 일어나며, 특히 학습 직후 20분 이내에 41%가 잊히는 것을 볼 수 있다. 즉, 학습 직후에 망각이 가장 빨리 일어난다.

그래서 여기서 얻을 수 있는 복습의 중요 포인트는 '학습한 내용을 오래도록 기억하기 위해서는 반복 학습과 시간 간격을 두고 규칙적으로 여러 번 학습하는 분산학습이 효과적이다'는 것이다. 분산학습은 일정한 시간을 나누어 중간에 휴식을 취하면서 학습하는 방식을 말한다. 그럼 초등 3학년 학생들에게 적합한 반복과 분산을 통한 복습을 살펴보기로 하자.

첫째, 배움 공책에 복습한 내용을 기록하게 한다.

수업 시간에 코넬 공책 정리법으로 필기했던 공책을 집에 와서 함께 펼쳐본다. 그리고 다시 한번 교과서를 읽거나 참고서를 참고하여 색깔 펜 등을 활용해 추가로 기록하게 한다. 거창할 필요는 없다. 간단하게 기록하면서 수업 내용을 뒤돌아보는 정도면 충분하다. 그리고 수업 시간, 코넬 공책 맨 마지막 부분에 적어 두었던 '오늘 공부하면서 더 궁금했던 점은 무엇일까?', '오늘 공부를 통해 더 알고 싶은 내용은 무엇일까?'에 대한 답을 찾아 간단히 기록하게 하는 것도 좋다.

둘째, 주제와 관련된 책을 읽게 한다.

이 방법은 예습을 위한 것이기도 하지만 복습을 위해서도 좋은 방법이다. 교과서에 제시된 내용은 비교적 핵심만 간추려 놓은 것이기 때문에 관련 책을 찾아 읽으면 지식의 확장을 꾀할 수 있다.

만약 과학 단원에서 '동물의 생활'에 대해 배우고 있다면 동물 관련 책을 읽어보게 한다. 책을 읽으면서 포유류, 양서류, 파충류 등 아직 3학년 교과과정이 아닌 내용도 알게 되는 등 자연스럽게 선행학습이 되기도 하고 배경지식도 탄탄해진다.

책 읽기에 관심이 없는 아이라면 다양하게 나와 있는 학습 만화를 활용하는 것도 나쁘지 않다.

셋째, 관련 박물관, 역사유적지 등을 직접 탐방해 본다.

교과서에서 배운 내용과 연결지어 생각해 보고 눈으로 확인하는 과정에서 내용의 확장까지 이룰 수 있다. 주말에 아이 손을 잡고 나들이도 하고 배운 내용을 복습할 수 있다면 일거양득이다.

이밖에 관련 영화나 영상을 찾아보는 것도 추천한다. 시각적 효과로 인해 기억도 오래 남고 더 쉽게 이해할 수도 있어 효과적이다. 과다하게 영상에 노출되는 것은 주의해야 한다.

* * *

내 아이는 누구보다도 내가 가장 잘 안다. 아이에게 맞는 방법으로 또 내가 지치지 않을 방법으로 선택하자. 책상에 앉아서 하는 공부도 좋지만 집 밖으로도 나가 보자. 박물관이나 영화관에도 가보자. 결국 공부는 행복해지기 위해서 하는 것 아닌가? 아이도 행복하고 나도 행복하다면 그것으로 충분하다.

9

숙제 지도
십계명

"두형아! 숙제 다 했니?", "아니요. 금방 할게요. 그런데 간식 좀 먹고 나서 하면 안 돼요?".

"두형아, 숙제 다 했니?", "아니요, 친구들이랑 놀이터에서 놀기로 했는데요. 갔다 와서 할게요.".

"두형아, 숙제 다 했니?", "아니, 아직요. 게임 한 판하고 제가 알아서 할게요."

아이는 어떻게든 숙제보다는 자기가 하고 싶은 것을 먼저 하겠다는 것이었고, 나는 매번 속수무책으로 당하고 말았다. 이렇게 내 손에서 교묘히 빠져나간 아들 녀석은 간식을 먹고 나더니 피곤했는지 잠이 들어 버렸고, 또 어느 날은 놀이터에서 시간 가는 줄 모르고 놀다가 해질녘이 되어서야 집에 들어왔다. 한번 시작한 게임은 어느새 1시간을 넘기기 일쑤다. 저녁을 먹고도 계속 빈둥거리다가 밤 9시를 넘겨서야 숙제를 하겠다고 책상에 앉고는 했다. 그 뒷모습을 바라볼 때마다 속이 타들어 갔다. 스멀스멀 화도 밀려왔다.

"집에 오면 숙제부터 하고 놀아라."

"내가 할 일을 먼저하고 놀아야지!"

"도대체 몇 번을 말해야 숙제를 할래?"

"네가 학교에 가서 선생님께 혼나봐야 정신을 차릴 거니?"

아이를 다그치면서 점점 강도가 세졌다. 다그치고 혼낼수록 아이는 숙제에서 멀어져가기만 했다.

"학교에서 돌아와 숙제부터 끝내면 얼마나 좋을까!"

숙제는 예나 지금이나 부모가 아이에게 잔소리하는 주된 요인이다. 학교에서 돌아와 숙제부터 끝내면 얼마나 좋을까. 대부분 부모가 아이의 숙제에 집착하는 이유는 '숙제를 성실하게 하는 것이 우등생의 지름길'이라고 생각하기 때문이다. 또 아이가 중요한 일을 먼저하고, 하기 싫은 일도 끝까지 해내는 근성을 가졌으면 하는 마음 때문일 것이다.

그런데 최근에는 우등생 조건의 대명사였던 학교 숙제가 점점 천덕꾸러기가 되고 있다. 심지어 어떤 부모는 학교 숙제는 대충 빨리 끝내고 학원 숙제를 하게 하거나 다른 공부를 시킨다. 이제 더는 학교 숙제를 중요하게 생각하지 않는 것이다.

숙제는 이런 대접을 받을 만큼 가치가 없는 일일까? 아니다. 24년 이상 교단에 서고 있는 나는 단연코 "아니다."라고 말할 수 있다. 또 많은 교사가 입을 모아 숙제의 중요성에 대해 말한다.

그럼 숙제는 왜 중요한가? 왜 교사들은 숙제를 내주는 것일까? 교사가 숙제를 내주는 이유는 다음처럼 크게 세 가지다.

첫째, 숙제는 복습의 기회를 제공한다.

수업 시간만으로는 그날 학습 내용을 충분히 소화하기 어렵다. 숙제는 수업 내용을 다시 생각하고 익히는 시간이다. 이 과정에서 앞으로 배울 내용도 생각하게 되어 자연스럽게 예습으로도 이어진다.

둘째, 숙제하면서 스스로 문제를 해결하는 능력을 키울 수 있다.

공부 잘하는 아이는 스스로 문제를 해결하는 능력이 있다. 숙제는 혼자서 해결해 보라고 교사가 던져주는 문제 상황이다. 주어진 문제를 해결하는 과정에서 문제 해결력을 키울 수 있다. 다양한 문제를 만나고 하나씩 해결하면서 실력이 차곡차곡 쌓이고, 결국 배운 것을 자기 것으로 만들 수 있다.

셋째, 주제와 관련된 내용을 탐구해 볼 수 있게 된다.

초등 교과서에 제시된 내용은 핵심만을 담고 있어서 매우 제한적이다. 숙제는 주제와 관련이 있지만 교과서에는 없는 영역을 찾아보게 하거나 읽어보게 하는 등 탐구 활동의 기회를 제공한다. 이 과정에서 배경지식을 넓히고 관련 주제를 깊이 살펴볼 수 있다.

"언제 숙제를 시키는 것이 좋을까요?"

가장 먼저 아이의 마음을 읽어 주어야 한다.

아들 녀석이 초등학교 시절에 나는 아이와 숙제 문제로 늘 씨름해야 했다. 그러다 보니 갈등도 꽤 심했다. 지금이야 아들 녀석이 커서 숙제로 씨름하는 일은 없어졌지만 학교에서 오자마자 숙제 이야기부터 꺼내는 엄마가 얼마나 싫었을까? 아이를 내 손아귀에 넣고 내 기준과 뜻대로 우격다짐하다시피 하여 따르게 하려 했으니, 아이는 튀어 나갈 수밖에 없었다. 아이를 잘 키워보겠노라고 육아휴직까지 했던 나는 내 아이의 마음을 헤아릴 여유가 없었다.

아이들은 학교생활에서 어느 정도 긴장감과 스트레스를 받는다.

어른도 일을 마치고 집에 돌아오면 잠깐이라도 쉬고 싶다. 아이들도 마찬가지다. 집에 오자마자 숙제로 긴장의 시간을 이어가고 싶지 않을 것이다. 이 부분에서 부모의 배려가 필요하다. 마음을 읽어주어야 한다.

집에 돌아와 바로 숙제를 할 수 있는 아이라면 문제없지만, 그렇지 않다면 부모가 한 발짝 뒤로 물러설 필요가 있다. 잠시 친구와 놀거나 자기가 좋아하는 일을 하면서 휴식을 취할 수 있게 해주는 것이다. 다만, 휴식 후에 책상에 앉는 시간은 약속을 정하고 꼭 지키게 하는 것이 중요하다.

학부모 상담을 하다 보면, 숙제와 관련하여 종종 듣는 질문이 있다. "언제 숙제를 시키는 것이 좋을까요?"이다. 어른들도 아침형, 저녁형이 있듯이 아이들도 마찬가지이다. 일방적으로 부모의 기준에 맞추어 무리하게 강요하기보다는 아이의 성향을 잘 살펴보고 적용해 보는 것이 중요하다.

‖ 1) 저녁형

저녁 시간을 기준으로 두 가지로 나누어 생각해 볼 수 있다. 저녁 먹기 전에 숙제를 마무리하는 경우와 저녁을 먹고 나서 바로 숙제하는 경우이다. 아이가 스스로 선택하게 하는 것이 좋다.

다만 둘의 장단점을 아이가 잘 이해하도록 설명해주어야 한다. 저녁 먹고 나서 숙제를 하면 친구들과 놀 수 있다는 장점도 있지만 노는 내내 숙제 때문에 마음이 불편할 수도 있고 또 밤늦게 숙제하다가 어려운 일이 생길 수도 있음을 알려준다. 반면 저녁 먹기 전에 숙제를 다 마무리하면 걱정 없이 쉴 수 있고 어려운 일이 발생해도 미리미리 대처할 수 있음을 알려준다.

선택을 아이가 하도록 하고, 시행착오를 겪어가면서 수정하도록 가이드를 하면 된다. 그리고 어느 방법이든 숙제를 모두 마친 후, 바로 일기 쓰기로 연결하여 마무리하면 더욱 좋다. 생활습관과 공부습관 모두를 잡을 수 있다.

‖ 2) 아침형

아침형은 일찍 자고 일찍 일어나서 숙제하고 학교에 가도록 하는 것이다. 아침형 부모라면 아이도 아침형으로 지도하는 것이 편할 수 있다. 아침에 일어나서 숙제하고 일기도 아침에 쓰는 것이다. 일기는 꼭 저녁에만 써야 하는 것은 아니기에 문제가 없다.

아침에 숙제하면 학교 가기 전까지 촉박하지 않을까 싶지만, 오히려 마감 시간이 확실하다는 장점도 있다. 하지만 아침형이 아닌 아이를 억지로 아침형을 만들 수는 없다. 내 아이의 성향을 잘 파악하고 적용해 보길 바란다.

▷ 숙제 지도 십계명

1. 숙제하는 장소를 지정한다.

2. 매일 숙제하는 시간을 정한다.

3. 아이가 숙제하는 과정을 관찰한다.

4. 아이 숙제는 부모 숙제가 아니다.

5. 질문에는 적극적으로 돕는다.

6. 숙제하는 과정에서 칭찬을 아끼지 않는다.

7. 알림장을 확인하여 숙제의 내용을 파악한다.

8. 집에 오면 가방에 있는 내용물을 다 꺼내 놓는 상자를 만든다.

9. 숙제는 아이의 생활 태도를 비춰주는 거울이다.

10. 좋은 공부습관은 숙제하는 것부터 시작된다.

· 필수 공부습관 1 ·
바른 자세와 바른 글씨

'자세(posture)'는 사전적 의미로 "몸을 움직이거나 가누는 모양"을 뜻한다. 외적인 바른 자세는 허리를 곧추세우고 앉는 것이다. 턱을 괴거나, 엎드린 자세는 하루빨리 고쳐주어야 한다. 내적인 자세는 인내와 끈기와 같은 정신력을 의미한다.

잘하고 못하고보다 중요한 것은 매 순간 삶을 대하는 아이의 태도이다. 지금 당장 실력이 부족하고 아는 것이 많지 않더라도 그릇이 있는, 즉 끈기와 인내가 있는 아이들은 결국 학습 성과를 낼 수밖에 없다.

① 공부는 반드시 책상에 앉아서 하며 바른 자세로 앉는다.
② 어떤 일이든 끝까지 마무리한다.

바른 자세로 앉아 공부할 수 있다면 글씨도 바르게 쓸 수 있다. 바른 글씨는 모든 공부의 시작이다. 바른 글씨 쓰기를 통해 공부와 학교생활 전반에 걸쳐 정성을 다하는 자세를 키울 수 있다.

① 급히 서둘지 않고 마음을 차분하게 한다.

② 바른 자세로 책상에 앉는다.

③ 글씨를 한 자 한 자 또박또박 쓴다.

글씨를 바르게 쓰려고 노력하면, 철자 하나하나와 글자 크기에도 집중하게 된다. 다음 글자를 어디서 시작해야 할지, 얼마나 띄워야 할지 등을 끊임없이 생각하는 과정에서 집중력도 향상된다.

스스로 공책 정리하기

공책 정리 과정은, 곧 생각 정리 과정이다. 공책 정리를 하려면 중요한 내용이 무엇이고 그것들이 서로 어떤 관계가 있나를 생각할 수밖에 없는데, 이 과정에서 생각이 정리되고 내용의 체계가 파악된다. 공책 정리를 하는 것만으로도 공부한 내용의 뼈대를 세우는 셈이 된다.

See-Think-Wonder 배움공책 기록법
① 수업 중 중요한 내용은 책에 표시하고 공책에 기록한다.
② 오늘 내가 새롭게 알게 된 것을 기록한다.
③ 오늘 공부를 하면서 든 생각이나 느낌을 기록한다.
④ 오늘 공부를 한 후 더 궁금한 점은 무엇인지 생각하고 기록한다.

학교생활에 충실하기 위한 첫째 방법이 바로 공책 정리다. 일주일에 한 번은 꼭 시간을 내어 교과서와 공책 검사를 해보면 아이의 학교생활이 단박에 그려질 것이다.

하루 30분 이상 스스로 공부하기

습관이 안 된 아이에게 하루 30분 공부는 쉬운 일이 아니다. 너무 욕심부리지 말고 멀리 보는 것이 중요하다. 10분부터 시작해도 된다.

① 1단계: 30분 공부 전 충전의 시간을 갖게 한다.
② 2단계: 매일 꼭 해야 하는 공부를 아이와 함께 정한다.
③ 3단계: 30분 공부 후에는 자유시간을 꼭 허락한다.

공부습관이 자리를 잡을 때까지 작은 것이라도 어제보다 나아진 점을 찾아 폭풍 칭찬을 해준다. 처음 30분으로 시작했지만, 아이가 잘 적응하고 따라온다면 칭찬과 격려와 함께 시간을 점점 늘려보기를 권한다. 3학년 학기 초, 30분으로 시작해서, 학기 말 즈음에 1시간까지 해냈다면 공부습관 만들기는 성공한 셈이다. 처음 21일까지가 고비이니 이 기간만큼은 부모도 아이와 함께 공부한다면 아이의 학습 동기가 한 층 더 높아질 것이다.

1주 1습관 루틴부터
시작하세요

이 책을 읽고 지금 당장 아이의 습관을 바로 잡고 싶은 마음이 든다면, 절반은 성공이다. "시작이 반이다."라는 말이 있다. 처음이 어렵지, 일단 시작했다면 오늘 하루만 생각하고 실행하면 된다. 다음의 습관 목록을 참고하여 아이에게 하나씩 하나씩 적용해 보자.

▷ **하루 생활·독서·공부습관 목록**

1	정해진 시간에 일어나기(식사하고, 등교하기에 충분한 기상 시간 정하기)
2	이부자리 스스로 정리하기
3	아침 식사 10분 전 식탁에 앉아 독서하기
4	내가 먹은 그릇 스스로 싱크대에 갖다 놓기
5	교실로 등교하기 전 학교 도서관에 가서 어제 읽은 책 반납 & 오늘 읽을 책 대출하기
6	교실에서 아침 10분 독서하기
7	쉬는 시간에 다음 시간 교과서 준비하기
8	자투리 시간 활용해서 과제 해결하기(받아쓰기, 수학 학습지 등 간단한 과제 해결)
9	하교 후 집에 와서 정해진 시간까지 푹 쉬기(하교 후 쉬는 시간 정하기)
10	큰 바구니에 책가방 속 물건 모두 꺼내 놓기
11	오늘 내가 해야 할 일 & 내가 하고 싶은 일 정하기(과제 확인하기)
12	하루 공부 30분 실천하기(아이의 습관에 따라 점차 늘려가기)
13	내가 하고 싶은 일 하기(놀이터에서 친구랑 놀기, 게임하기, 책 읽기, 종이접기 하기 등) * 아이와 함께 종료 시간을 정해둔다
14	집밥으로 저녁 식사하기(집밥의 힘, 제철 음식, 제철 과일로 건강한 식탁 만들기)
15	하루 10분 청소(내 방 청소를 시작으로 가볍게 집안 정리하기, 식사 후 집안일 거들기, 용돈제 활용)
16	가족 독서(가볍게 집안일 한 후 가족 모두 함께 모여 독서 하기, 시간 정하기)
17	운동 또는 저녁 산책

18	일기 쓰기, 준비물 점검 등 하루 정리하기
19	잠들기 전 가족 티타임 10분(아이와 대화)
20	양치, 세면하기
21	아이 머리맡 기도 또는 축복하기
22	집안 불끄기
23	9시 30분 이전 취침하기

▷ 한 주에 한 가지 생활습관 지도 목록

1	인사 잘하기(만나는 사람 모두에게 인사하기)
2	고운 말 쓰기(고운 말 & 고운 말투)
3	나의 꿈 지도 만들기(꿈이 없다면 내가 지금 관심 있고 잘하는 것 생각해 보기)
4	긍정적인 나 찾기(나의 장점, 내가 잘하는 것)
5	꿈을 이루기 위한 목표 세우기(연간, 한 달, 한 주, 오늘)
6	감사일기 쓰기(오늘 감사한 일 찾아 쓰기)
7	성공 노트 쓰기(오늘 내가 잘한 일 쓰기)
8	꾸준히 운동하기(우리 아이만의 운동 정하고 꾸준히 실천하기)
9	아침밥 꼭 먹기(엄마의 집밥 노력이 필요함)
10	젓가락질 바르게 하기
11	용돈 기입장 쓰기
12	스마트폰과 TV는 보는 시간 정하기

▷ 한 주에 한 가지 독서습관 지도 목록

1	하루 10분 독서 & 자투리 독서 하기(학교, 집 등)
2	독서 노트, 독서 포트폴리오, 독서 기록장 기록하기(아이의 성향에 맞는 것으로 선택)
3	가족 독서 시간 실천하기
4	가족 독서 나무 키우기
5	가족 독서 발표회
6	가족 독서 여행 및 기행(도서관, 문학 기행 등)

▷ 한 주에 한 가지 공부습관 지도 목록

1	책상에 앉는 바른 자세 익히기
2	연필 바르게 잡고 글씨 바르게 쓰기
3	알림장에 표시하며 준비물 & 과제 챙기기
4	학교 과제 성실히 하기
5	받아쓰기는 미리미리 준비하기
6	국어사전과 친구 되기
7	코넬 노트법 알기
8	10분 예습 & 10분 복습 실천하기

위 목록의 각각의 습관을 키우기 위한 구체적인 방법은 이미 앞장에서 자세히 언급해 두었다.

아이의 하루 생활을 중심으로 생활 · 독서 · 공부습관을 하나씩 선택하여 하루 루틴을 만드는 것이 우선이다. 그런 다음 생활 · 독서 · 공부습관을 한 주에 하나 정도 추가하며 하루 루틴을 더욱 견고하게 만들 것을 추천한다.

한 가지 습관은 적어도 일주일 정도는 반복해야 아이 몸에 밸 수 있다. 부족하다면 더 많이 반복하고, 만약 아이가 어려워한다면 목표 행동이 아이의 수준에 맞는지 점검하고 조정해야 한다.

우리는 어떤 일을 시작할 때 다음과 같은 4단계의 심리 과정을 거친다고 한다.

1단계, 조급함이다. 아이의 습관을 빨리 잡아주어야만 할 것 같다. 내 아이만 뒤쳐지고 있는 것 같아 마음이 조급해진다.

2단계, 지루함이다. 처음의 의욕과 달리 같은 일을 반복하는 것이 지루하고 따분해진다. 아이도 엄마도 지겹고 따분하게 느껴지는 순간이 온다.

3단계, 두려움이다. '내가 아이를 끝까지 잘 이끌 수 있을까?' 하는 두려움과 불안이 느껴진다.

4단계, 혼란이다. 두려운 마음은 혼란으로 이어진다. '내가 이렇게 아이의 습관을 지도하는 것이 과연 효과가 있을까?'라는 의문도 생긴다. 아이가 잘 따라주지 않는 것 같고, 아이와의 관계도 어긋나는 것 같다.

모든 것이 혼란스러운 순간도 있을 것이다. 그럴 때 아이의 습관 지도를 위해 위의 4단계 심리 상태를 잘 기억하고, 나와 내 아이가 어느 단계에 있는지 점검하는 것이 필요하다. 부모가 먼저 중심을 잘 잡아야 아이도 중심을 잡을 수 있다.

한 번에 너무 많은 것을 하려 하면, 엄마도 아이도 단박에 지쳐 버린다. 먼저 생활 · 독서 · 공부습관을 하나씩 선택하여 하루 루틴으로 만들고 아이의 몸에 충분히 배면 한 가지씩 점차 늘려가 보자.

그리고 습관의 힘은 복리로 작용함을 잊지 말자. 우리 아이가 적용하기 쉬운 것부터 몇 가지라도 습관으로 만들어 지속한다면 어느덧 아이는 스스로 공부하고 생활할 정도로 발전할 것이다. 무엇보다 중요한 것은 포기하지 않고 꾸준히 해내는 것임을 잊지 말자.